La evolución de los seres vivos

Pablo Vargas Gómez
y José María Gómez Reyes

 CSIC

CATARATA

Colección ¿Qué sabemos de?

DIRECCIÓN
ISABEL VARELA NIETO

SECRETARÍA
CARMEN GUERRERO MARTÍNEZ

COMITÉ EDITORIAL
PILAR TIGERAS SÁNCHEZ, CSIC
PURA FERNÁNDEZ RODRÍGUEZ, VACC, CSIC, MADRID
MANUEL DE LEÓN RODRÍGUEZ, ICMAT, CSIC, MADRID
ARANTZA CHIVITE VÁZQUEZ, EDITORIAL LOS LIBROS DE LA CATARATA
JAVIER SENÉN GARCÍA, EDITORIAL LOS LIBROS DE LA CATARATA
CARMEN PÉREZ SANGIAO, EDITORIAL LOS LIBROS DE LA CATARATA
JOSÉ ANTONIO LÓPEZ CEREZO, UNIVERSIDAD DE OVIEDO
MARÍA BLANCH, UNIVERSIDAD COMPLUTENSE DE MADRID
RAÚL IBÁÑEZ TORRES, UNIVERSIDAD DEL PAÍS VASCO
JUAN ÁNGEL VAQUERIZO, ISDEFE
MARÍA ISABEL PORRAS GALLO, UNIVERSIDAD DE CASTILLA-LA MANCHA

CATÁLOGO DE PUBLICACIONES DE LA ADMINISTRACIÓN GENERAL DEL ESTADO:
https://cpage.mpr.gob.es

Fotografía de cubierta: Flor del dragoncillo de Cabo de Gata (*Antirrhinum charidemi*) sobre la que se camufla una araña cangrejo (*Thomisus onustus*) esperando la llegada de polinizadores (abejas).

© Pablo Vargas Gómez y José María Gómez Reyes, 2025
© CSIC, 2025
http://editorial.csic.es
editorialcsic@csic.es
© Los Libros de la Catarata, 2025
Zurbano, 76
28010 Madrid
Tel. 91 532 20 77
www.catarata.org

ISBN (CSIC): 978-84-00-11550-0
ISBN ELECTRÓNICO (CSIC): 978-84-00-11551-7
ISBN (CATARATA): 978-84-1067-471-4
ISBN ELECTRÓNICO (CATARATA): 978-84-1067-472-1
NIPO: 155-25-206-9
NIPO ELECTRÓNICO: 155-25-207-4
DEPÓSITO LEGAL: M-25.629-2025
THEMA: PDZ/PSAJ/PSXE

PARA LA ELABORACIÓN DE ESTA OBRA NO SE HA UTILIZADO NINGUNA HERRAMIENTA DE INTELIGENCIA ARTIFICIAL.

Índice

INTRODUCCIÓN 5

CAPÍTULO 1. La evolución como hecho y como teoría 9

CAPÍTULO 2. Causas de la variación fenotípica 19

CAPÍTULO 3. La selección natural como motor evolutivo 30

CAPÍTULO 4. Enfrentándonos a la complejidad
de la naturaleza 42

CAPÍTULO 5. A vueltas con los conceptos de especie 55

CAPÍTULO 6. El árbol de la vida:
evolución a través del tiempo 67

CAPÍTULO 7. Convergencias y radiaciones evolutivas 80

CAPÍTULO 8. Evolución humana 94

CAPÍTULO 9. Un nuevo marco teórico:
la síntesis evolutiva extendida 106

EPÍLOGO 117

AGRADECIMIENTOS 127

BIBLIOGRAFÍA 129

Introducción

La evolución es, sin duda, el espectáculo más grandioso y duradero que tiene lugar sobre la faz de la Tierra. Desde su estreno hace varios miles de millones de años, no ha dejado de interpretarse ni un solo día, sin perder en todo este tiempo el más mínimo grado de vitalidad y frescura. La trama es tan diversa, el guion incorpora tantos matices y la obra es interpretada por un elenco tan variado de actrices y actores, que cualquier intento de explicar crítica y reflexivamente su desarrollo se verá obligado a simplificar muchos detalles, hasta el punto de correr el riesgo de describir una versión demasiado pálida de su argumento y ritmo narrativo. Desde el primer momento que nos animamos a escribir este ensayo, fuimos plenamente conscientes de este reto.

El estudio de la evolución goza hoy en día de bastante salud y atrae el interés de gran parte de la sociedad. Por ello, existe una amplia disponibilidad de libros, tanto de divulgación como académicos, sobre diversos aspectos de la evolución. Cuando empezamos a gestar este libro, teníamos claro que nuestro objetivo no sería elaborar un tratado largo y extenso que intentara describir de forma sistemática todos los componentes de la evolución. Estos aspectos están ya recogidos de forma profunda y rigurosa en muchos otros libros, blogs y páginas web. Por el contrario, nuestra idea a la hora de escribirlo ha sido ofrecer una visión personal sintetizando los elementos más trascendentales de la evolución. Hemos intentado describir los principales elementos que consideramos fundamentales a la hora de entender el marco teórico que existe hoy en día para explicar el hecho evolutivo. El libro va dirigido no solo a las personas que tienen estudios especializados en disciplinas relacionas con la evolución, sino también a aquellas otras que sientan curiosidad por saber cómo evolucionan las especies. Por ello, hemos intentado minimizar los asuntos técnicos sin dejar de ser rigurosos en el uso de conceptos y términos evolutivos. Esperamos haber tenido éxito en esto.

Hemos estructurado el libro en nueve capítulos (y un epílogo) que describen los mecanismos que impulsan la evolución de las especies, los procesos más relevantes que se derivan de estos mecanismos y los principales patrones evolutivos que emergen por la acción de estos mecanismos y el desarrollo de estos procesos. Comenzamos con un primer capítulo donde sintetizamos qué se entiende por evolución como hecho y como teoría. Proponemos qué presupuestos debe incorporar una teoría si desea aspirar a ser un marco apropiado de explicación de la evolución. En el capítulo 2 explicamos un fenómeno esencial para que la evolución ocurra, pues muchas veces no es considerado en su justa medida. Nos referimos a la variación en forma, tamaño, color, comportamiento y otros caracteres (*variación fenotípica*) que exhiben los individuos de una misma especie. Nuestro propósito es desterrar la idea de que las especies son entidades compuestas por copias idénticas de individuos y ayudar al lector a deleitarse con la profusa variabilidad que nos ofrece la naturaleza. En el capítulo 3 intentamos explicar de forma sencilla qué se entiende por *selección natural*, una de las ideas más revolucionarias de la historia de la biología y un concepto central en la teoría evolutiva actual. Así, la selección natural se considera el principal mecanismo mediante el cual estructuras y caracteres complejos han cambiado, y los siguen haciendo. En el capítulo 4 transmitimos la idea de que, a pesar de su importancia en el proceso evolutivo, la selección natural puede ser anulada en diversas situaciones. Entender cuándo ocurre esto es fundamental para poder hacernos una idea más precisa de cómo evolucionan las poblaciones y especies. Precisamente la naturaleza de las especies se describe en el capítulo 5. El hecho de que haya tantos *conceptos de especie* indica claramente el esfuerzo histórico en conseguir un concepto único para todos los grupos biológicos. Sin embargo, la evolución no es tan fácil de encasillar, por lo que estos intentos nos llevan acompañando desde el origen de la biología evolutiva como disciplina moderna. En este capítulo intentamos despejar algunas dudas y proponemos los conceptos de especie que más se emplean en la actualidad y explicamos por qué. El capítulo 6 conecta el concepto de especie con la historia de la vida desde su origen, de manera que se ilustran los principales patrones que se han encontrado en las últimas décadas al reconstruir toda la biodiversidad en forma de *árbol de la vida*. El capítulo 7 profundiza en los patrones más repetidos en la historia de la vida y describe dos fenómenos contrapuestos, al menos en apariencia. Uno de ellos es la *convergencia evolutiva*, es decir, la aparición de soluciones análogas a los mismos problemas evolutivos, que ha resultado en patrones evolutivos increíblemente similares entre especies y linajes lejanamente emparentados. El otro patrón que describiremos detalladamente en este capítulo es el de *radiación evolutiva*, que emerge cuando las especies procedentes de un último antepasado común divergen en muchas direcciones durante un corto intervalo evolutivo. En el capítulo 8 exploramos cómo todo lo aprendido en los últimos siglos, y mostrado en los capítulos anteriores, se aplica a nuestra propia especie, de manera que tratamos a *H. sapiens* y demás especies humanas como un grupo evolutivo más dentro del árbol de la vida. No pretende ser un capítulo exhaustivo ni concluyente, ya que la literatura sobre evolución humana es profusa y excelente. El capítulo 9 describe con detalle un nuevo marco teórico que ha emergido en este siglo con la pretensión de dar una explicación más completa del hecho evolutivo: la *síntesis evolutiva extendida*. Es una teoría que aún está conformándose, pero que ya ha generado mucho debate y atraído la atención de gran parte de la comunidad científica en el campo de la biología evolutiva.

Terminamos el libro con un epílogo destinado a proponer brevemente cómo se pueden diseñar los estudios evolutivos, teniendo en cuenta lo expuesto en capítulos anteriores. No pretendemos que este texto final sea una guía completa y exhaustiva que incluya todos los aspectos metodológicos. Nuestra esperanza es que sirva para despertar el interés de aquellas personas que quieran poner en práctica estudios de evolución.

La evolución como hecho y como teoría

Concebir que los organismos están en continuo cambio es la idea fundamental que subyace a cualquier aproximación evolutiva. Esta concepción implica reconocer que las especies no son entidades fijas, sino el resultado de procesos dinámicos que ocurren a lo largo del tiempo. Aunque hoy nos pueda parecer una idea natural e incluso evidente, su aceptación general como la mejor manera de explicar la gran diversidad del mundo biológico es relativamente reciente. Durante siglos, e incluso milenios, gran parte de la historia intelectual del ser humano estuvo dominada por una visión esencialista y estática de la naturaleza, en la que se asumía que el universo, y con él la vida, era inmutable desde su creación. En este marco de pensamiento, los organismos vivos eran considerados obras perfectas e inalterables de una fuerza creadora, y cualquier cambio en sus formas era visto con escepticismo o como una anomalía. No fue sino hasta los avances en la biología, la geología y otras ciencias en los siglos XVIII y XIX cuando esta visión comenzó a desmoronarse, dando paso a una nueva comprensión basada en la transformación constante y en la historia común de todos los seres vivos.

La evolución biológica como hecho

El cambio en las características de grupos de organismos a lo largo de generaciones es la esencia de la evolución. Lo abarca todo, desde ligeros cambios en las proporciones de las distintas formas de un gen dentro de una población hasta las alteraciones que llevaron desde los primeros organismos a los dinosaurios, las hormigas, las levaduras, las encinas y los seres humanos. Si tuviésemos que definir qué es la evolución de forma concisa, podríamos decir que *la evolución es el cambio de formas de vida a lo largo de generaciones mediante descendencia con modificación.*

Existe hoy una abrumadora cantidad de evidencia empírica que respalda que los seres vivos han evolucionado y siguen evolucionando en nuestro planeta. Las pruebas de cómo la evolución ha operado son múltiples y de diferente naturaleza.

Los estudios paleontológicos han desenterrado multitud de organismos fósiles pertenecientes a especies extintas, en algunos casos desaparecidas hace muchísimo tiempo. La presencia de fósiles es primordial, porque nos indican que la vida no es reciente, sino que se remonta a varios miles de millones de años. Uno de los fósiles más antiguos parecen ser unas estructuras denominadas estromatolitos, que consisten en rocas formadas por la precipitación y fijación de carbonato cálcico debido a la actividad bacteriana de hace más de 3500 millones de años. Además, los fósiles nos muestran cómo era la vida en el pasado tanto remoto como reciente. Debido a que en general la mayoría de los fósiles presenta características morfológicas y anatómicas similares a muchas de las especies actuales, la naturaleza de los fósiles sugiere que muchos de ellos son grupos ancestrales de las especies que habitan hoy en día nuestro planeta. Es decir, el registro fósil proporciona pruebas consistentes de un cambio sistemático a lo largo del tiempo. Además, después de haber acumulado una ingente cantidad de ellos, sabemos que el orden de aparición de grupos biológicos sigue un patrón determinado que coincide con lo esperable bajo un escenario evolutivo. Así, las pruebas paleontológicas nos sugieren que nunca desenterraremos anfibios más antiguos que los primeros peces ni reptiles más antiguos que los primeros anfibios ni aves más antiguas que los primeros reptiles. De la misma manera, podemos predecir que ningún organismo pluricelular aparecerá en el registro geológico antes que las células eucariotas más antiguas. Gracias a las numerosas pruebas paleontológicas que ya tenemos, podemos predecir, por tanto, que este patrón se repetirá cuando se sigan encontrando nuevos fósiles, y podemos ir haciéndonos una idea de cómo ha acontecido la historia de la vida.

Las inferencias sobre la ascendencia común que aporta la paleontología se ven reforzadas por la anatomía comparada. Muchos estudios anatómicos han puesto al descubierto similitudes estructurales y de desarrollo en muchos órganos superficialmente diferentes, y que solo pueden explicarse por un origen común (*homologías*). Así, aunque externamente somos muy diferentes de los leones, las ballenas, los murciélagos —en parte debido a nuestros distintos modos de vida y a la diversidad de entornos en los que cada especie ha prosperado—, al analizar nuestros esqueletos, hueso por hueso, descubrimos una correspondencia sorprendente. Si observamos el patrón óseo de estos cuatro grupos de tetrápodos, veremos de inmediato que, por ejemplo, las extremidades anteriores están formadas por los mismos huesos, a pesar de sus distintas funciones: en las ballenas se han transformado en aletas que les permiten nadar; en los murciélagos, en alas útiles para el vuelo con aleteo; en los leones, en patas que sirven para caminar junto a garras para cazar; y en los humanos, en brazos y manos para asir y manipular objetos.

Los estudios sobre la distribución geográfica de las especies y su origen (biogeografía) han determinado que las especies estrechamente relacionadas a menudo se encuentran en áreas geográficas cercanas. Así, las aproximadamente 100 especies de lémures que aún habitan el planeta están todas en la isla de Madagascar, mientras que las aproximadamente 375 especies de colibríes actuales son solo americanas. La explicación más plausible para este fenómeno es que las especies relacionadas han surgido de un antepasado local o uno que colonizó el lugar hace mucho tiempo. Por otra parte, especies que viven en diferentes áreas, pero con condiciones similares, pueden tener características similares, aunque no estén estrechamente relacionadas. Ejemplo de ello son las similitudes entre ciertos marsupiales australianos y los mamíferos placentarios de otras partes del mundo (véase capítulo 7). Impresiona observar las similitudes entre los numbats y osos hormigueros, los topos marsupiales y topos placentarios, las musarañas marsupiales y las musarañas placentarias, así como la rata canguro y el jerbo, entre otros. Esto indica que tienen un origen común.

Los estudios embriológicos muestran que muchos organismos pasan por las mismas o similares fases durante su desarrollo. Por ejemplo, a pesar de ser sésiles, los percebes pasan por una fase larvaria en la que nadan libremente y se asemejan a las larvas de otros miembros de su grupo biológico como las langostas y cangrejos. Esta similitud en los estadios larvarios sugiere una ascendencia común. Del mismo modo, una gran variedad de organismos, desde lombrices y moscas de la fruta a seres humanos, tiene secuencias muy similares de genes que se activan al principio del desarrollo. Estos influyen en la segmentación u orientación del cuerpo en todos estos grupos diversos. La presencia de genes similares que actúan de forma parecida en una gama tan amplia de organismos se explica mejor por su presencia en un antepasado común muy temprano de todos estos grupos (véase capítulo 6).

Los estudios de biología molecular han puesto de manifiesto que el conjunto de reglas que constituyen el código genético universal, usado para traducir la secuencia de nucleótidos del ADN (o ARN) a una secuencia de aminoácidos de las proteínas, es esencialmente el mismo en todos los organismos. También han contribuido a detectar el grado de parentesco entre organismos mediante la similitud de la secuencia de nucleótidos del ADN. Por ejemplo, hoy en día sabemos que las especies vivas más emparentadas con nosotros son los chimpancés y los bonobos, con quienes compartimos casi el

99% del genoma. Las pruebas de la evolución a partir de la biología molecular son abrumadoras y están creciendo rápidamente.

La evolución biológica como teoría científica

Más allá de establecer que la evolución es un hecho, la ciencia ha construido un edificio conceptual para explicarla. Es decir, debemos distinguir entre el hecho de la evolución y la teoría que explica cómo funciona la evolución. La teoría evolutiva genera hipótesis científicas que permiten desvelar cómo opera la evolución a través de mecanismos y procesos que determinan el cambio evolutivo de las poblaciones dentro de una misma especie (*microevolución*), la formación de nuevas especies (*especiación*) y la diversificación profunda que articula la biodiversidad (*macroevolución*). Cualquier teoría evolutiva debe afrontar explicaciones para cada uno de estos tres niveles. Por lo tanto, las teorías evolutivas son cuerpos de conocimientos que deben proponer mecanismos (fuerzas que impulsan y causan los cambios evolutivos, como la selección natural o la mutación), procesos (secuencias de eventos que han conducido a cambios evolutivos a lo largo del tiempo, como el proceso de adaptación o de especiación), y a partir de ellos explicar patrones (formas o tendencias en que la evolución se ha manifestado durante la diversificación de la vida, como la radiación adaptativa y la evolución convergente).

Principios fundamentales que debe tener cualquier teoría evolutiva

La comunidad científica asume que cualquier teoría que pretenda explicar el hecho científico debe estar basada en una serie de principios básicos. Estos forman el núcleo duro de la teoría evolutiva. Nosotros consideramos tres principios básicos comunes a cualquier teoría evolutiva:

1. El principio de ascendencia común, que establece que todas las especies que existen y han existido descienden de un ancestro común hipotético denominado último antepasado común universal (LUCA, *last universal common ancestor*) (imagen 1).
2. El principio de herencia, que postula que la evolución ocurre a través de cambios en características heredables. Sin entrar en su naturaleza específica, los biólogos evolutivos aceptan que, si los rasgos que exhibe un determinado organismo no son heredables de la forma que sea, no pueden evolucionar. Ello explica que los descendientes tiendan a parecerse a sus progenitores.
3. El principio de adaptación (y apariencia de diseño), que sugiere que en la naturaleza se observa una buena adecuación o ajuste entre los organismos, las circunstancias de sus vidas y los ambientes donde habitan.

El marco teórico actualmente aceptado para explicar el hecho evolutivo

Los biólogos evolutivos han propuesto, y aún lo siguen proponiendo, diversas teorías para explicar cómo procede la evolución de los organismos. Unas teorías evolutivas se distinguen de otras en, por una parte, la forma en que articulan los principios básicos descritos en la sección anterior y, por otra, los principios auxiliares que proponen, los cuales rodean y en cierto modo redefinen esos principios fundamentales.

El marco conceptual que ha definido la teoría evolutiva desde hace más de 75 años, y que aún hoy en día sigue vigente, se denomina síntesis evolutiva (también llamada teoría sintética de la evolución o síntesis moderna). Este marco conceptual surge de la combinación de la teoría de Charles Darwin de la evolución por selección natural con los experimentos de Gregor Mendel sobre la herencia y el análisis matemático de la genética de poblaciones. Los planteamientos que tiene la síntesis evolutiva de los principios fundamentales descritos arriba son los siguientes:

- La herencia se basa en los genes, que en la actualidad se consideran unidades de información genética básica que se encuentran en las moléculas de ADN y ARN que conforman el genotipo de los organismos. En general, se acepta que la transmisión hereditaria ocurre cuando las moléculas de ADN que contienen las instrucciones genéticas fundamentales para el desarrollo, funcionamiento y reproducción de los seres vivos se transfieren de progenitores a descendientes. De esta forma, lo que se transmite entre generaciones no son solo estructuras, sino paquetes de información codificada en esas estructuras biológicas, en esas moléculas de ADN.

- Existen distintos tipos de factores capaces de cambiar con distinta intensidad las frecuencias de las variantes hereditarias de las poblaciones a lo largo del tiempo, como son la mutación, pero especialmente el flujo génico, la deriva genética y la selección natural (véanse capítulos 2-4). La selección natural es la única causa conocida de cambio adaptativo. Es decir, es el mecanismo fundamental mediante el cual se originan las adaptaciones biológicas (véase capítulo 3). La mayoría de las variantes genéticas adaptativas tienen efectos fenotípicos leves a nivel individual, por lo que los cambios fenotípicos son graduales.

Además, la síntesis evolutiva añade una serie de principios auxiliares que apoyan al núcleo de principios fundamentales. Entre ellos, destacamos:

- El origen de una nueva variación heredable se debe a *mutaciones*. Dentro de la teoría de la genética de poblaciones, mutación es cualquier nueva alteración del material hereditario, que se transmite de forma estable a través de las generaciones. Las mutaciones son infrecuentes a escala de individuo y, lo que es más importante, son aleatorias con respecto a sus efectos fenotípicos, pues no están dirigidas hacia la necesidad de aumentar la funcionalidad de los organismos.

- La evolución biológica es un proceso que ocurre a nivel de población, no individual. La evolución implica un cambio en la frecuencia de las variaciones hereditarias dentro de las poblaciones, generación tras generación, y no un cambio puntual en un organismo.

- Los rasgos observables de los organismos, que en su conjunto se denominan *fenotipo* y que pueden ser morfológicos, anatómicos, fisiológicos, conductuales o de otra naturaleza, son el resultado de la información genética contenida en el genotipo y su expresión condicionada por el ambiente. Mientras que el genotipo incluye la información que se transmite entre generaciones, el fenotipo se corresponde con las características observables del individuo. Dichas características influyen en la capacidad de los individuos de sobrevivir y reproducirse bajo las condiciones ambientales que los rodean.

- La formación de nuevas especies (*especiación*) ocurre principalmente cuando el intercambio genético entre dos poblaciones (*flujo génico*) se ve interrumpido por la presencia de una nueva barrera reproductiva, que suele ser geográfica (una cadena montañosa, un río caudaloso, un bosque frondoso) y aísla a dos poblaciones llamadas entonces vicariantes. Al estar sometidas a ambientes diferentes, estas poblaciones pueden divergir hasta tal punto que reunidas después de un tiempo no puedan tener descendencia común. A este proceso de especiación se le conoce como *especiación alopátrida*. La diferenciación alopátrida se produce por la acumulación gradual de diferencias genéticas entre poblaciones aisladas geográficamente que pueden llegar a tener aislamiento reproductivo entre ellas con suficiente tiempo. La especiación supone, por tanto, un proceso progresivo de aislamiento y diferenciación y, por ello, es posible encontrar diferentes grados de aislamiento reproductivo entre poblaciones de una misma especie.

- El cambio que ocurre en las especies durante el proceso de especiación suele ser lento, uniforme y gradual. Esta visión gradualista postula que los cambios en los seres vivos ocurren a través de múltiples y pequeños incrementos, de manera que cuanto más tiempo transcurra, más cambios se acumularán. La evolución se produce principalmente por la transformación constante y gradual de un linaje.

Como se podrá apreciar, estos principios auxiliares, tal como fueron formulados originalmente por la síntesis evolutiva, son muy restrictivos. Así, tal como está concebida, la síntesis evolutiva es eminentemente externalista en el sentido de que la evolución ocurre porque fuerzas externas condicionan qué fenotipos y genotipos serán favorecidos en generaciones futuras. Considera también que los organismos juegan un papel exclusivamente reactivo, es decir, que evolucionan como consecuencia de las fuerzas que actúan sobre ellos. La síntesis evolutiva es también fundamentalmente funcionalista, porque explica la evolución de los organismos como consecuencia de optimizar el funcionamiento de los fenotipos. Finalmente, la síntesis evolutiva aspira a ser una teoría unificada que explique el proceso evolutivo en su conjunto, incluyendo los aspectos microevolutivos y macroevolutivos tanto de los organismos actuales como de los organismos extintos.

Resumen

En este capítulo hemos explicado brevemente la importancia de contar con una teoría científica que intente explicar toda la evolución biológica, y hemos descrito la teoría más aceptada hoy en día. De hecho, la mayoría de los biólogos evolutivos utilizan el sólido marco científico que proporciona la síntesis evolutiva. Pero esta no es la única propuesta formal que existe para intentar entender cómo acontece la evolución en nuestro planeta. Otras teorías, en general, aceptan los tres principios fundamentales que hemos descrito previamente (ascendencia común, herencia y adaptación) y difieren entre ellas y con la síntesis evolutiva en algunos principios auxiliares. La mayoría de estas teorías alternativas surgieron en el seno de la síntesis evolutiva con el interés de complementarla o mejorarla. En los capítulos 2-7 describiremos cómo la síntesis evolutiva se ha visto complementada por evidencias que se han ido acumulando en las últimas décadas acerca de cómo funciona el proceso evolutivo en condiciones naturales. En el capítulo 9 explicaremos una propuesta complementaria que ha ido surgiendo en las últimas décadas y que no solo ha formulado diferentes principios auxiliares, sino que también ha cambiado la naturaleza de algunos de los principios fundamentales de la teoría evolutiva. Discutiremos entonces si el momento está ya maduro para cambiar de paradigma conceptual, como algunos biólogos evolutivos sugieren. Como primer paso en este recorrido evolutivo, en el capítulo 2 vamos a profundizar en las causas que generan la variación fenotípica que observamos en los organismos.

CAPÍTULO 2

Causas de la variación fenotípica

Una atenta mirada al mundo vivo que nos rodea nos hará comprender inmediatamente que una de sus principales peculiaridades es la considerable variación que existe a cualquier nivel al que fijemos nuestra vista. No nos parecerá extraño observar que los individuos de diferentes especies varíen entre sí en tamaño, forma, color, textura o cualquier otra característica fácilmente apreciable (*variación interespecífica*). Pero para muchos será algo más sorprendente apreciar que los individuos de la misma especie también varían entre sí. Estamos tan acostumbrados a deleitarnos con los seres vivos en museos, herbarios, zoos o jardines botánicos, espacios donde la variación está consciente o inconscientemente cercenada, que pensamos que los miembros de una especie son copias casi perfectas unas de otras. Pero la mayoría de las veces esto dista de la realidad. Solo hay que fijarse en la diversidad comparando individuos de rosas, perros o humanos. Incluso hermanos de los mismos padres pueden ser muy diferentes entre sí. Interiorizar esta idea de variación entre individuos es fundamental para entender cómo procede la evolución dentro de una misma especie (*variación intraespecífica*). No es sorprendente por tanto que la variación se considere un concepto central en biología.

La variación fenotípica: genética y ambiente

La mutación es la fuente primaria de variación genética y proporciona diferencias genéticas entre individuos. Es común definirla como una alteración aleatoria en la secuencia del ADN. Sin embargo, es importante reconocer que en el marco de la genética de poblaciones una mutación es cualquier alteración del material genético que es transmitida entre generaciones. Esto incluye no solo sustituciones nucleotídicas en cualquier parte del genoma, sino también otros fenómenos con mayor impacto evolutivo como mutaciones alélicas, inserción de transposones en secuencias reguladoras, duplicaciones génicas, duplicaciones genómicas (*poliploidización*) o cambios epigenéticos, entre otros. Además, las variantes genéticas también pueden generarse por otros procesos como, por ejemplo, la combinación de genes ya existentes (*recombinación*).

Sin embargo, la variación entre individuos excede en muchos casos la variación causada por las diferencias genéticas, ya que la expresión de los genes está condicionada por el ambiente donde se expresa. La forma de estudiar la variación continua que exhibe un rasgo en los individuos de una población es analizando su varianza separando sus componentes. Esta idea queda encapsulada dentro de la clásica formula $V_P = V_G + V_E$ usada en genética cuantitativa para expresar la idea de que la varianza fenotípica (V_P) es el resultado de la combinación de la varianza genética (V_G) y la varianza ambiental (V_E). La variación en el valor de cualquier rasgo que observamos entre los individuos de una misma especie está en parte determinada por la diferencia entre ellos en su composición genética y, en parte, por el ambiente que cada uno de ellos ha experimentado durante su desarrollo. Y esto pasa virtualmente con todos los rasgos. Por ejemplo, se estima que entre el 60 y el 80% de la variación en la estatura de los seres humanos se debe a la herencia genética, mientras que factores ambientales tales como la nutrición y la salud general contribuyen al 40-20% restante. Un matiz importante es que estas proporciones no son fijas, no son propiedades fundamentales del rasgo en cuestión, sino que dependen del contexto. Así, a medida que las sociedades humanas se están enriqueciendo, se observa que la estatura humana depende menos del acceso a una buena nutrición y, como resultado, una mayor parte de su variación es resultado de diferencias genéticas. En consecuencia, en estas condiciones la estatura humana se vuelve cada vez más hereditaria.

Si queremos profundizar un poco más en las fuentes de variación fenotípica, podemos saber que la variación genética se puede dividir en al menos tres subcategorías: la varianza genética aditiva (V_A), la varianza genética de dominancia (V_D) y la varianza genética epistática (V_I). Dos mutaciones se consideran puramente aditivas si el efecto de la doble mutación es la suma de los efectos de las mutaciones individuales. Esto ocurre cuando los genes no interactúan entre sí. La varianza genética de dominancia se refiere a la desviación de cada individuo con respecto al fenotipo medio debido a las relaciones de dominancia entre alelos alternativos en una misma posición del genoma (*locus*). La variación genética epistática también implica una interacción entre alelos, pero en este caso entre alelos de diferentes *loci*.

Al igual que la varianza genética, la varianza ambiental también tiene varios subcomponentes. Pero a diferencia de lo que pasa con la varianza genética, aquí hay menos consenso y diferentes escuelas de biólogos evolutivos incluyen diferentes subcomponentes ambientales. Tradicionalmente, se han considerado dos subcomponentes ambientales: la varianza ambiental específica (V_{Es}) y la varianza ambiental general (V_{Eg}). La varianza ambiental específica se refiere a la diferencia en el fenotipo de cada individuo con el resto de la población (*variación interindividual*), incluso cuando comparten el mismo genotipo. Este subcomponente incluye tanto los efectos derivados de las condiciones microambientales específicas que experimenta un individuo durante su desarrollo, como los efectos estocásticos en las reacciones bioquímicas implicadas en la expresión génica (*ruido del desarrollo*). Por ejemplo, dos gemelos con idéntico genotipo pueden diferir en altura o resistencia a enfermedades debido a pequeñas variaciones en las condiciones que experimentaron durante su desarrollo, como una diferencia en la posición dentro del útero o el acceso desigual a nutrientes. Un ejemplo interesante que se ha conocido recientemente es la posibilidad de que gemelos puedan ser uno zurdo y otro diestro, a pesar de ser idénticos genéticamente. La varianza ambiental general se refiere a las fuentes no genéticas de variación que afectan de forma similar a todos los individuos que comparten un mismo ambiente. Un ejemplo claro es el efecto de una sequía prolongada sobre los árboles de un bosque: independientemente de su genética, todos los árboles experimentan una reducción comparable en su crecimiento debido a la escasez de agua. Un último componente de varianza fenotípica es la interacción entre genotipo y ambiente (V_{GxE}), que ocurre cuando cada genotipo responde de forma diferente a la variación ambiental general. Algunas variedades de trigo crecen bien en cualquier tipo de suelo, mientras que otras solo prosperan en suelos fértiles. Esto refleja una interacción entre el potencial genético y las condiciones del entorno.

En conjunto, los subcomponentes ambientales ayudan a explicar por qué individuos con el mismo genotipo pueden presentar diferencias fenotípicas. Tanto la varianza ambiental general como la interacción genotipo-ambiente ponen de manifiesto, entre otros factores, un fenómeno muy significativo: la *plasticidad fenotípica*. Vale la pena detenerse un momento en este concepto, dada su relevancia en biología evolutiva.

Organismos camaleónicos: plasticidad fenotípica

La capacidad de un mismo genotipo para expresar diferentes fenotipos en distintos ambientes se denomina plasticidad fenotípica. Un genotipo es fenotípicamente plástico cuando su expresión varía con el ambiente, mientras que se considera que está canalizado cuando expresa el mismo fenotipo en diferentes ambientes (*canalización*). Para detectar la plasticidad, se necesita medir el fenotipo de los individuos que son genéticamente idénticos, como clones, organismos producidos por reproducción asexual (*partenogenéticos*) o líneas recombinantes consanguíneas. Aunque no es lo ideal, cuando no es posible obtener estos organismos genéticamente idénticos, la plasticidad puede ser medida comparando el fenotipo de hermanos.

La plasticidad fenotípica impregna la vida en la Tierra. Prácticamente no existe ninguna especie, desde microorganismos unicelulares de vida corta hasta especies pluricelulares masivas con cientos de años de antigüedad, que no sea capaz de expresar plasticidad en alguno de sus rasgos en respuesta a cambios ambientales de diversos tipos. Los biólogos evolutivos han reconocido esto desde hace mucho tiempo y han investigado la plasticidad durante más de un siglo. La plasticidad fenotípica se observa en organismos muy dispares. Los miembros de un mismo clon de pulgas de agua del género *Daphnia* producen espinas defensivas o no según se desarrollen en estanque con depredadores o sin ellos. Los individuos de un mismo grupo familiar de la rana bermeja (*Rana temporaria*) modifican el tiempo de desarrollo en función de la velocidad de evaporación del agua de las charcas donde habitan. Los embriones de cocodrilo del Nilo (*Crocodylus niloticus*) eclosionan como machos o hembras en función de la temperatura durante el desarrollo. El aparato locomotor y la capacidad de vuelo varía entre hermanos de la mariposa llamada blanca verdinervada (*Pieris napi*) emergidos en primavera o en verano. Cada individuo de la planta denominada collejón (*Moricandia arvensis*) produce flores radicalmente diferentes en primavera y en verano (imagen 2). De estos ejemplos se deduce que cuando un rasgo es plástico no existe un único valor que lo defina, ya que este cambia con el valor ambiental. Bajo esta perspectiva, un rasgo fenotípico se define mejor como una función que relaciona su expresión con la variación en una o varias variables ambientales (*norma de reacción*) (imagen 3). No sorprende, por tanto, que en uno de los libros de texto fundamentales de la síntesis evolutiva, el genetista Theodosius Dobzhansky (1937) afirmara que "lo que se hereda en un ser vivo no es tal o cual carácter morfológico, sino una norma de reacción definida frente a estímulos ambientales".

La plasticidad es una propiedad de rasgos concretos. Así, de los ejemplos anteriores vemos que el rasgo plástico es la producción de espinas de las pulgas de agua, el tiempo de desarrollo de la rana bermeja, la determinación sexual del cocodrilo del Nilo, el tipo de aparato locomotor de la blanca verdinervada y la morfología floral del collejón. Pero muchos de los otros rasgos de los individuos de estas cinco especies no varían con el ambiente (están canalizados). De igual forma, la plasticidad está estrechamente asociada a cambios específicos en el ambiente. Así, un determinado rasgo puede ser plástico frente al cambio en un factor ambiental específico, pero no frente a otro. Así, la producción de espinas de las pulgas de agua es plástica cuando alteramos el ambiente de depredación del estanque, pero no cuando alteramos la temperatura del agua; sin embargo, la determinación sexual del cocodrilo del Nilo varía con la temperatura, pero no con la salinidad ni con la concentración de nutrientes disueltos en el agua. La situación se vuelve aún más compleja cuando notamos que, para un rasgo particular y un factor ambiental concreto, el mismo genotipo puede tener una respuesta plástica a un rango de valores de la variable ambiental, pero no a otro rango. Siguiendo con los ejemplos anteriores, la proporción de hembras que salen de las puestas de los cocodrilos del Nilo cae desde un 100% a casi el 0% cuando la temperatura de incubación cambia aproximadamente de 30 a 34 grados, pero se mantiene igual de alta entre los 26 y los 30 grados.

Todas estas consideraciones implican que la expresión de la plasticidad depende del genotipo, el rasgo, el tipo de variable ambiental y el rango de valores de dicha variable ambiental. Por ello, no se debe caracterizar a los genotipos como completamente plásticos o completamente canalizados. Desgraciadamente, en muchas publicaciones científicas la plasticidad es erróneamente considerada no como un atributo de un genotipo, sino como una característica de una población o incluso una especie.

Efectos genéticos indirectos como un componente más de la variación ambiental

A veces, el fenotipo de un determinado individuo se ve influenciado por el fenotipo de otro individuo de la misma población. Estos efectos se denominan efectos indirectos y han sido vistos tradicionalmente como otro subcomponente de la variación ambiental. Por ejemplo, la presencia de individuos muy agresivos en rebaños de animales domésticos minimiza la agresividad del resto de miembros, lo que puede beneficiar el crecimiento de todos los individuos de dicho rebaño, porque reducen el nivel general de estrés por peleas.

Los efectos indirectos son únicos, ya que pueden ser a su vez tanto ambientales como genéticos. Así, cuando la expresión del fenotipo del individuo modificador es exclusivamente ambiental se denomina *efectos ambientales indirectos*. Pero cuando el fenotipo de un determinado individuo se ve influenciado por la expresión de los genes de otro individuo, se denomina *efectos genéticos indirectos*. Esta idea es muy interesante porque significa que los genes que se expresan en un individuo afectan al fenotipo de otro individuo. Por ejemplo, el fenotipo de un individuo puede estar influenciado por el ambiente social generado por familiares. Pero quizás los efectos genéticos indirectos más conocidos son aquellos en los que el ambiente generado por la expresión de los genes de las madres afecta al fenotipo de la descendencia, fenómeno tradicionalmente conocido como *efectos genéticos parentales*, que suelen ser maternales.

Los mecanismos específicos que producen efectos parentales u otros efectos genéticos indirectos son diversos. Pueden estar relacionados con ARN mensajeros maternos contenidos en el óvulo antes de ser fecundado o con influencias después de la fecundación (*poscigóticas*) asociadas a rasgos maternos, como la provisión nutricional, los sistemas inmunes, la elección de lugares de anidamiento en aves o las estrategias de dispersión de semillas en plantas. De esta manera, hay que tener claro que los efectos indirectos no se consideran subcomponentes de la variación ambiental en el sentido de estar causados por el ambiente ecológico, sino porque, al ser una variación anterior al genotipo sobre la que se expresa, no se explican por él.

Una mirada al origen de la variación desde la biología evolutiva del desarrollo

La aproximación clásica de la genética cuantitativa al origen y patrón de la variación fenotípica, tal y como la hemos explicado hasta ahora, asume que dicha variación surge principalmente por la acumulación de pequeñas modificaciones genéticas. Sin embargo, la biología evolutiva del desarrollo (también llamada evo-devo, del inglés *evolutionary developmental biology*) ha agitado esta concepción sobre el origen de la variación (véase capítulo 9). En particular, la idea que se propone desde esta disciplina es que la variación fenotípica es consecuencia de la combinación de los genes y los procesos de desarrollo. Hay varias hipótesis en este sentido sobre el origen de la variación fenotípica; aquí vamos a describir sucintamente dos de ellas: la hipótesis de la variación facilitada y la hipótesis del sesgo de desarrollo.

La hipótesis de la variación facilitada postula que los rasgos fenotípicos complejos podrían emerger mediante un número limitado de cambios en genes reguladores que tienen efectos grandes. Esta propuesta parte de una concepción del desarrollo en la cual existen procesos centrales altamente conservados entre los organismos pluricelulares, relacionados con funciones esenciales como la replicación y transcripción del ADN, la síntesis de proteínas, el metabolismo y la comunicación celular. Algunos de estos procesos están interconectados mediante vínculos reguladores débiles, es decir, conexiones que pueden ser fácilmente modificadas, amplificadas o anuladas. Esta flexibilidad permite a los organismos generar una amplia gama de estados fenotípicos alternativos en respuesta a cambios ambientales, lo que se conoce como exploración fenotípica. Además, la modularidad de los sistemas de desarrollo (organización del organismo en unidades o módulos relativamente independientes) contribuye a la eficacia de este sistema exploratorio. Gracias a esta compartimentación, los efectos de un cambio regulador suelen limitarse a una parte del organismo, reduciendo así el riesgo de que una mutación afecte de forma contrapuesta a varios rasgos.

La teoría de variación facilitada sugiere que estos elementos descritos maximizan la cantidad de variación fenotípica para una cantidad dada de variación genotípica, minimizan la letalidad de las variantes fenotípicas y producen variación fenotípica apropiada a las condiciones ambientales imperantes. La teoría de la variación facilitada sostiene además que las interdependencias de los procesos de desarrollo aumentan la probabilidad de dirigir el efecto de las mutaciones hacia fenotipos funcionales.

Otro mecanismo que la biología evolutiva del desarrollo ha propuesto para explicar la variación fenotípica que observamos en la naturaleza es el denominado *sesgo de desarrollo*. Se trata de la producción de ciertas trayectorias del desarrollo (*ontogenéticas*) que modifican la tasa, magnitud, dirección y límite de producción de ciertos rasgos fenotípicos. Un sesgo de desarrollo ocurre cuando los sistemas de desarrollo generan una cierta combinación de rasgos más fácilmente que otros. Este proceso es similar, si no idéntico, al que tradicionalmente ha sido denominado *limitación del desarrollo*, pero despojado de la visión negativa. Más que limitar la posibilidad de producir algunos fenotipos, la idea de sesgo del desarrollo se enfoca en determinar que algunos fenotipos son más probables que otros. Parte del origen del sesgo de desarrollo observado en los sistemas naturales estaría en la acción de dos fenómenos conocidos desde hace mucho tiempo por los genetistas: la epistasis y la pleiotropía. La *epistasis* se refiere a la interacción entre genes, donde el efecto de un gen sobre un rasgo puede depender de la presencia o ausencia de variantes en otros genes. La *pleiotropía* ocurre cuando un solo gen influye simultáneamente en múltiples rasgos fenotípicos. Ambos procesos afectan a la expresión génica de manera no lineal y contribuyen a favorecer ciertos caminos de desarrollo sobre otros posibles[1]. Además, el sesgo de desarrollo también se ve influido por la topología y dinámica de las redes génicas de regulación, que conllevan que la expresión de ciertos grupos de genes esté estrechamente asociada. No es por tanto de extrañar que actualmente en la biología evolutiva del desarrollo se conceptualice al fenotipo como el resultado de redes génicas de regulación.

La principal consecuencia del sesgo de desarrollo es, según sus defensores, la producción de variación fenotípica no aleatoria al generar algunas variantes fenotípicas con más probabilidad que otras. En este aspecto, jugaría un papel similar al de la variación facilitada. Además, el sesgo de desarrollo puede hacer que diversos rasgos fenotípicos se desarrollen de forma correlacionada con más frecuencia, incluso sin reducir o aumentar la variabilidad de ningún rasgo individual. Estas correlaciones son responsables de la *integración fenotípica* funcional, que es la interconexión y coordinación de diferentes rasgos relacionados funcionalmente. La integración fenotípica es importante porque posibilita que varios rasgos trabajen conjuntamente para funcionar correctamente. Bajo esta perspectiva, el sesgo de desarrollo sería un mecanismo que posibilitaría la estabilidad de fenotipos complejos compuestos por muchos rasgos.

Transferencia horizontal de genes como fuente de variación

Una fuente de variación genética que cobra cada vez más importancia es la transmisión no genealógica de material genético

---

1. Veremos más sobre estos dos fenómenos en el capítulo 4, cuando expliquemos sus efectos sobre la acción de la selección natural.

de un organismo a otro, que se denomina *transferencia horizontal de genes*. La presencia de transferencia de material genético entre diferentes especies de microorganismos se conoce desde los inicios de la investigación en biología molecular, sobre todo en genética molecular. Aunque su importancia real como mecanismo de generación de nueva variación genética es poco conocida, se calcula que entre el 1,6 y el 32,6% de los genes de cada genoma bacteriano se han adquirido por transferencia horizontal. Los eucariotas pluricelulares no son ajenos a este proceso, y estudios recientes están mostrando que la transferencia horizontal de genes ha ocurrido en muchos grupos, como insectos, rotíferos, hongos y plantas. Muchas de estas transferencias ocurren a través de interacciones endosimbióticas. La información que se ha ido acumulando sobre este fenómeno sugiere que la transferencia horizontal de genes ha desempeñado un papel más importante de lo que se pensaba como fuente de variación genética, particularmente en el mundo microbiano y entre organismos parasitados.

Resumen

El fenotipo de cualquier organismo es la expresión resultante de la combinación de la composición genética (genotipo) del individuo, el ambiente en el que se expresa este genotipo y de cómo ambos componentes afectan al proceso de desarrollo. Discernir la importancia de cada uno de estos factores no es fácil, y depende de cada situación particular. Pero es primordial, porque, como veremos en el próximo capítulo, la variación fenotípica es un requisito fundamental para que se produzca la selección natural. En otras palabras, sin variación fenotípica no puede haber evolución por selección natural.

CAPÍTULO 3

La selección natural como motor evolutivo

Un fenómeno que ha maravillado, y desconcertado a partes iguales, al ser humano es la profusión y exuberancia con la que se manifiesta la vida. En un paseo atento por un parque, un bosque o una pradera descubriremos infinidad de organismos de diferentes formas, tamaños y colores que se afanan por sobrevivir y reproducirse. Veremos multitud de plantas, algunas pequeñas y discretas y otras que se alzan al cielo hasta casi tocar las nubes, unas con flores coloridas y exuberantes y otras cubiertas de espinas a modo de escudo protector. Distinguiremos no menos insectos y otros invertebrados volando, arrastrándose por el suelo, saltando entre plantas, escondidos entre la hojarasca, visibles en las hojas consumiendo ávidamente cualquier tejido vegetal que tengan a mano, formando interminables hileras o desplazándose con cautela, trabajando en grupo o viviendo en solitario y, en general, tratando de escapar de otros animales de su tamaño y mucho más grandes, emplumados o cubiertos de pelos, que se desplazan ágilmente por el suelo entre las ramas de los árboles o que cruzan los cielos de día o de noche. Y eso es solo la diminuta parte de la biodiversidad que somos capaces de percibir a ojo desnudo. Aquella que no vemos a simple vista es, si cabe, más diversa y variada.

Explicar la presencia de esta multitud de formas vitales, cada una de ellas aparentemente bien ajustada al ambiente en el que habita y aparentemente bien diseñada para las funciones que lleva a cabo, ha puesto a prueba nuestra capacidad intelectual por siglos. Y durante los más de dos milenios que este problema ha atraído nuestra atención, no pocas han sido las explicaciones propuestas.

Intentando explicar las infinitas formas ajustadas al medio

A mediados del siglo XIX, Charles Darwin y Alfred Russell Wallace ofrecieron la explicación que hoy consideramos como la más acertada. En el que es quizás el trabajo científico más provocador de la historia de la biología, *El origen de las especies* (1859), Darwin propuso como el principal motor de la evolución de la diversidad de formas de vida un fenómeno que denominó selección natural. Esta es probablemente unas de las ideas más revolucionarias de la biología y es central a toda la disciplina de la biología evolutiva. Como tal, ha sido estudiada, escrutada y discutida por multitud de científicos y filósofos, tanto teórica como empíricamente. Lo maravilloso de haber atesorado tanta información es que el conocimiento acumulado sobre selección natural es enorme.

De forma sucinta, la selección natural puede considerarse como la interacción entre el ambiente y los fenotipos[2] que resulta en la reproducción y supervivencia diferencial de algunos de ellos. Como indicó Darwin: "A esta preservación de las variaciones favorables y el rechazo de las variaciones perjudiciales la llamo selección natural". Una definición más formal que expresa la naturaleza de la selección natural, y que ha cristalizado en todo un programa de investigación, postula que la selección natural ocurre cuando: (1) hay variación en algún atributo o rasgo entre los individuos de una población (hablamos

---

2. Recordemos del capítulo 1 que un fenotipo es el conjunto de rasgos morfológicos, anatómicos, fisiológicos, conductuales o de otra naturaleza que posee cada organismo.

de esto en el capítulo anterior); (2) la variación está asociada a lo que se denomina *eficacia biológica* (en inglés *fitness*), es decir, número de descendientes que perdura en las siguientes generaciones; y (3) los atributos se transmiten entre los padres y sus descendientes, independientemente de los efectos ambientales comunes.

FIGURA 1

Ilustración de cómo funciona la selección natural. Si hay variación en la frecuencia de algún rasgo (1) que está asociada a la eficacia biológica que tenga cada individuo (2) y además es heredable en el sentido de que el valor del rasgo de los individuos depende del valor del rasgo de sus progenitores (3), entonces, el valor de este rasgo irá cambiando de forma predecible con el tiempo, entre generaciones, en un proceso que se conoce como respuesta a la selección. Esta se ilustra en la última fila, representando el cambio temporal en la variación poblacional del valor del rasgo por la sombra gris. La forma en que el valor del rasgo se relaciona con la eficacia biológica (2) define los tres principales tipos de selección: *selección direccional*, cuando se favorecen un fenotipo extremo; *selección estabilizadora*, cuando se favorece un fenotipo medio y la variación fenotípica decae con el tiempo, y selección *disruptiva*, cuando se favorecen los dos fenotipos extremos y la variación aumenta.

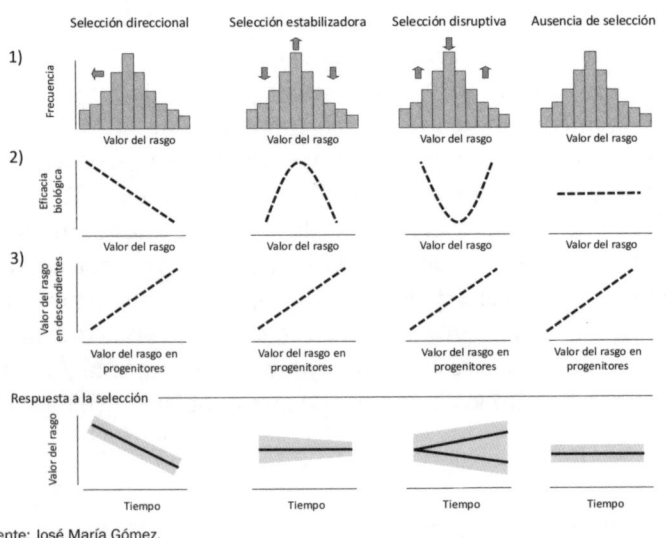

Fuente: José María Gómez.

Cuando se dan estas tres condiciones, la frecuencia de ese rasgo fenotípico cambiará entre generaciones de forma más o menos predecible (figura 1). Así definida, la selección natural queda despojada de esa aura mágica que a veces ha vestido y se convierte en un fenómeno que se puede estudiar rigurosamente con herramientas analíticas adecuadas.

La esencia de la eficacia biológica

La concepción de selección natural detallada anteriormente nos provee de algunas claves fundamentales para entender en qué consiste la eficacia biológica. De esta manera, lo primero que destacamos es que está indisolublemente unida al proceso de selección natural. Pero ¿qué es eficacia biológica? Clásicamente, se considera la contribución promedio a la siguiente generación llevada a cabo por todos los individuos de un mismo tipo (genotipo o fenotipo, según se conozca o no la conformación genética de los rasgos), algo que se puede calcular en términos de número de descendientes y su viabilidad. Así, por ejemplo, si en una población tenemos dos tipos de flores, podemos ver el número de descendientes que deja cada tipo de flor. La planta dondiego de día (*Ipomoea purpurea*) es una liana originaria del continente americano que es frecuente verla en las provincias costeras de nuestro país cubriendo vallas, muros y pérgolas. Las flores de esta especie pueden ser de varios colores, como azul oscuro, rosa o blanco (imagen 4). La determinación genética de este polimorfismo de color es sencilla, ya que la intensidad de pigmentos florales depende de unos pocos genes. Es por tanto un sistema ideal para estudiar con genética básica la diferencia en eficacia biológica entre fenotipos. Algunos de estos estudios han encontrado que el número y viabilidad de las semillas difiere entre tipos (también llamados *morfos*) florales, con las plantas de flores blancas produciendo entre un 5 y un 15% menos de descendientes que las plantas que producen otros colores de flor en casi todas las condiciones ambientales en las que ha sido estudiada.

Es pertinente señalar algunas propiedades de la eficacia biológica. Desde una perspectiva evolutiva, lo realmente relevante no es tanto la cantidad de descendientes que produce cada individuo (*eficacia biológica absoluta*), sino la cantidad de descendientes que genera en comparación con otros de su misma especie que comparten el mismo ambiente (*eficacia biológica relativa*). La eficacia biológica absoluta no carece de importancia, ya que nos permite entender, modelar y predecir la demografía y la dinámica de las poblaciones —se evalúan cuántos individuos componen una población y cómo cambian con el tiempo—. Pero el papel principal en el drama evolutivo no lo desempeña esta, sino que recae sobre la eficacia biológica relativa. Y esto significa que el papel primordial en las argumentaciones evolutivas lo juega la presencia de variación entre individuos. Se sustituye así un pensamiento tipológico, en el que los individuos de una especie son considerados réplicas idénticas de un individuo tipo sobre el que ocurre el proceso evolutivo, por un pensamiento poblacional, que reconoce explícitamente la presencia de variación entre individuos de la misma especie y población.

En segundo lugar, se debe señalar que la eficacia biológica relativa de un individuo es específica de un ambiente determinado. Es fácil de entender que si para obtener este valor hay que relacionar el número de descendientes que produce cada individuo con los que producen el resto de los individuos con los que coexiste, la eficacia relativa será específica de cada ambiente, momento y población. Es decir, el mismo número de descendientes producidos en dos escenarios diferentes puede provocar un cambio sustancial en la eficacia relativa del individuo en cuestión. La evolución por selección natural es por tanto un proceso local. Esta es una propiedad fundamental de la selección.

De lo dicho anteriormente se infiere que la selección natural es un proceso que acontece dentro de un escenario o *ambiente selectivo*, concebido como aquel ambiente compuesto por todos aquellos factores que determinan la eficacia biológica relativa de los individuos de una misma población.

Estos factores del ambiente selectivo se denominan *presiones selectivas*. No tiene sentido estudiar formalmente la selección natural combinando individuos que habitan diferentes sitios o ambientes selectivos. Para que un rasgo pueda evolucionar por selección natural, es fundamental que determinados factores del ambiente selectivo causen una diferencia consistente en eficacias biológicas relativas. Y que este ambiente selectivo se repita durante sucesivas generaciones. Asimismo, no todos los factores que tienen un efecto significativo sobre la abundancia y crecimiento de las poblaciones juegan un papel selectivo. Si un factor ambiental afecta a todos los individuos por igual, aunque tenga un efecto ecológico sustantivo y module la dinámica de las poblaciones, su papel evolutivo será en este caso insignificante. Por ejemplo, una presión de herbivoría extrema que consuma de forma severa todos los individuos de una población de planta, sin discriminar entre diferentes tipos (genotipos o fenotipos), probablemente cause una disminución en el tamaño poblacional de la especie de planta, pero no disparará un proceso de selección natural porque no causará una relación consistente entre fenotipo y eficacia biología relativa (condición 2 de la selección natural descrita anteriormente).

Las múltiples caras de las adaptaciones

Parte de la actividad de los biólogos evolutivos consiste en intentar explicar la presencia en la naturaleza de rasgos que puedan cumplir una función para aumentar la eficacia biológica de sus portadores. En otras palabras, los biólogos evolutivos empleamos enorme cantidad de tiempo y esfuerzo en identificar, comprobar y explicar la presencia de *adaptaciones evolutivas*. La idea de adaptación es, junto con la de selección natural y eficacia biológica, un pilar conceptual sobre el que se sustenta la teoría sintética de la evolución.

La adaptación se puede interpretar como un proceso o como un producto (o patrón). Cuando pensamos en adaptación como un proceso, a veces se piensa en los cambios acontecidos durante la vida del organismo para ajustar su fenotipo al ambiente. Este proceso no es estrictamente adaptación en términos evolutivos y podríamos llamarlo mejor aclimatación. De hecho, este proceso está más relacionado con el fenómeno de plasticidad fenotípica, que ya explicamos en el capítulo 2. Para diferenciarla de aclimatación, la adaptación se considera entonces aquel proceso mediante el cual una población se ajusta más al ambiente donde vive, medido en cambios generacionales (de padres a hijos). Bajo este prisma, se considera que una especie está adaptada a un ambiente si y solo si ese ambiente ha generado fuerzas selectivas que han afectado a los ancestros de esa especie y han moldeado los rasgos que benefician la explotación de dicho ambiente por la descendencia. Así definida, la adaptación evolutiva es un proceso que ocurre mediante selección natural y que conduce a los individuos, las poblaciones y las especies a ajustarse a ambientes pasados. El grado de adecuación a las condiciones ambientales actuales dependerá por tanto de cómo de parecido sea este ambiente actual a los anteriores. Los organismos estarían pues adaptados a los ambientes en los que vivieron las generaciones anteriores, a través de las cuales han pasado las combinaciones de caracteres hasta llegar al momento actual. Por ello, las adaptaciones de los organismos no son siempre adecuadas para el presente o el futuro, son una simple consecuencia del pasado. En la medida en que el presente y el futuro se parezcan al pasado, los organismos se encontrarán más o menos adaptados a ellos.

Pero una adaptación también es considerada como un producto. Desde esta perspectiva, una adaptación es un calificativo aplicado a los rasgos fenotípicos que posee un organismo. Hay dos visiones alternativas para decidir si un determinado rasgo puede ser considerado una adaptación. La primera considera que un rasgo es una adaptación si mejora la eficacia biológica de su poseedor en un determinado ambiente. Adaptación sería por tanto aquella variante fenotípica que resulta en un mayor valor de eficacia biológica. Hay que notar que esta concepción no tiene en cuenta el mecanismo que ha causado la evolución del rasgo. Podría ocurrir que el rasgo en cuestión aumente en la actualidad la eficacia biológica del poseedor cumpliendo una función que no fue moldeada por la selección natural. La segunda visión considera que un rasgo es una adaptación si ha sido producido por selección natural para desempeñar la función que realiza en la actualidad y que tiene como consecuencia que aumente la eficacia biológica del organismo en el ambiente selectivo presente. Es decir, adaptación como producto sería el resultado del proceso de adaptación en generaciones anteriores. Según esta visión, no debemos definir automáticamente un rasgo como adaptación hasta que se haya demostrado que se originó por selección natural. Y, por tanto, no todos los rasgos que aumentan la eficacia biológica deben ser considerados adaptaciones. Asimismo, según esta concepción, una adaptación no puede surgir como respuesta a la selección en un rasgo diferente correlacionado con él ni tampoco como consecuencia de otros procesos no selectivos, como la deriva genética. Estos rasgos pueden formar parte integral del fenotipo y tener efecto sobre la eficacia biológica, pero no serían considerados adaptaciones.

Algunos rasgos han podido haber sido moldeados por la selección natural para llevar a cabo una función diferente a la que desempeñan en la actualidad. Un rasgo de este tipo se denomina *exaptación*. Esta idea no era ajena al propio Darwin, quien sugirió que la vejiga natatoria de los peces se utilizaría originalmente para flotar, pero posteriormente adquirió una función muy distinta, la respiración. Las exaptaciones son productos de la selección natural, pero la función que cumplen en la actualidad no se debe a la acción de la selección natural que actuó en el origen del rasgo. Distinguir entre una exaptación y una adaptación de forma fehaciente se torna muy difícil, si no imposible, si no somos capaces de inferir con gran precisión todo el proceso evolutivo que ha llevado a la estructura y función actual del rasgo en cuestión, y que en la mayoría de los casos ha ocurrido hace cientos de miles o incluso millones de años. Por eso, la literatura científica está llena de discusiones, a veces enconadas, sobre la naturaleza y categoría de muchos rasgos fenotípicos. Quizás una de las más reconocidas sea la polémica existente acerca de las plumas de las aves, considerada por muchos biólogos evolutivos, pero no por todos, como una estructura reutilizada para el vuelo a partir de una estructura con una función de termorregulación en su origen. Ejemplo de ello serían los nuevos dinosaurios descubiertos con plumas, pero que no volaban. La evolución de las plumas ejemplifica otro problema a la hora de distinguir con claridad adaptaciones frente a exaptaciones, y es el hecho de que la selección natural sigue actuando sobre la estructura reutilizada y puede modificarla consiguiendo una nueva función. Así, la estructura de las plumas de los dinosaurios emplumados no voladores difiere significativamente de las de las aves. Por eso, es bastante probable que los procesos adaptativos y exaptativos estén acoplados a lo largo de la historia evolutiva de los linajes, actúen de forma sinérgica y recursiva, acelerándose mutuamente de forma efectiva, creando y relanzando sin cesar nuevas estructuras funcionales.

El concepto de función biológica

De todo lo descrito anteriormente también se deduce que el concepto de *función biológica* es clave en el pensamiento evolutivo. Este concepto está íntimamente ligado al de adaptación y, como él, tampoco está exento de polémica. Recordemos que una adaptación es un carácter que cumple una función determinada como consecuencia de la selección natural y, por lo tanto, podremos discernir si un rasgo es una adaptación en parte si somos capaces de saber qué función desempeña. La mayoría de los biólogos evolutivos consideramos que un rasgo es una adaptación cuando realiza una función que aumenta la eficacia biológica. La primera pregunta que nos hacemos cuando empezamos a estudiar la posible naturaleza adaptativa de un rasgo es ¿cuál es su función?

Muchos biólogos evolutivos usan el término función como sinónimo de ventaja selectiva. Así definida, una función es reconocida como un efecto de la selección natural y por la ventaja en eficacia biológica y funcionamiento que produce. Pero hay otra aproximación a la idea de función, que sin dejar de considerar a la selección como el origen de nuevos rasgos, se centra más en el análisis de sistemas que en la historia evolutiva. Esta aproximación considera los rasgos fenotípicos como sistemas complejos y lleva a cabo un análisis ingenieril de sus componentes, de cómo desempeñan su labor y se integran y coordinan entre ellos. Por ejemplo, podemos estudiar la función de las plumas generando modelos matemáticos, mecánicos y físicos de estructuras que optimicen el vuelo y observando después cómo las plumas reales se desvían de estos modelos.

Con todo esto, podemos adivinar que para un biólogo evolutivo todos los rasgos moldeados por la selección natural con la función que desempeña en la actualidad o que desempañaban en origen son *rasgos funcionales*. Pero podría darse el caso de que algunos rasgos funcionales no sean adaptativos si la función no ha sido moldeada por la selección natural. Así, por ejemplo, el corazón es una adaptación para bombear sangre, no para hacer ruido, pero el ruido del corazón funciona para dormir a los recién nacidos. Y esto nos lleva a preguntarnos si todos los rasgos son adaptativos, si el proceso evolutivo es eminentemente adaptativo o si, por el contrario, existen otros mecanismos además de la selección natural que también contribuyan a explicar la diversidad de formas que observamos en la naturaleza.

¿Están los organismos perfectamente adaptados al medio?

Esta pregunta apunta al corazón del *adaptacionismo*, una corriente dentro de la biología evolutiva que sostiene que la mayoría de los rasgos de los organismos han sido moldeados por la selección natural. Para esta corriente, la selección natural es omnipresente y omnipotente, y se constituye como el principal factor evolutivo. Los más extremistas asumen que todas las características que observamos en los organismos son adaptaciones. Esta visión se denomina adaptacionismo empírico. El adaptacionismo tiene dos concepciones más. Un segundo tipo es el adaptacionismo explicativo, que sostiene que la selección natural es el factor más importante, porque, más allá de su omnipresencia, permite que la teoría evolutiva explique con éxito la evolución de características con complejidad organizada y la adaptación entre los organismos y su ambiente. Explicar estos fenómenos es la misión intelectual fundamental de la teoría de la evolución. La selección natural es la clave para resolver estos problemas: la selección es la gran respuesta. Y una última concepción es lo que se denomina adaptacionismo metodológico, que sugiere que la mejor forma que posee un científico de aproximarse y estudiar los sistemas biológicos es buscar adaptaciones. La adaptación es un buen concepto organizador para la investigación evolutiva y siempre tiene que ir de la mano de la selección natural.

El programa adaptacionista ha sido objeto de un intenso escrutinio teórico y filosófico, enfrentándose a críticas provenientes de distintos frentes. Por un lado, debe responder a la creciente evidencia acumulada durante décadas que respalda la teoría neutralista de la evolución molecular, según la cual muchos de los cambios a nivel genético no son el resultado de la selección natural, sino de procesos aleatorios selectivamente neutros. Esta teoría ha obligado a los biólogos evolutivos a abandonar suposiciones *a priori* sobre el valor adaptativo de los rasgos, exigiendo demostraciones rigurosas del papel de la selección natural en su origen y mantenimiento. Este enfoque cuestionaría un determinismo extremo y serviría para plantear hipótesis nulas. Por otro lado, el adaptacionismo también ha sido cuestionado por perspectivas estructuralistas, que desde temprano en la historia del pensamiento evolutivo sostienen que el desarrollo de los organismos está profundamente influido por fuerzas físicas, limitaciones químicas, principios de autoorganización y restricciones internas, más que exclusivamente por presiones selectivas. En su forma más radical, esta postura propone que tales factores son los verdaderos motores de la evolución y explican la diversidad de formas y patrones macroevolutivos. Así, la visión adaptacionista se ve obligada a dialogar y confrontarse con estas perspectivas alternativas, en un esfuerzo por explicar con mayor precisión el papel real, aunque no omnipresente, de la selección natural en la evolución biológica. En capítulos posteriores veremos cómo estas visiones alternativas se han abierto paso en la síntesis evolutiva.

Resumen

Es importante que se interiorice que la selección natural no es un agente, sino un mecanismo que genera una diferencia consistente (sesgada, no aleatoria) en la producción de descendencia por parte de diferentes tipos de individuos. Precisamente, la selección natural es la consecuencia directa de que exista variación en los valores de un rasgo, que esta variación esté relacionada con el éxito reproductivo de los individuos y que sea heredable. Y lo que es más importante, es el mecanismo que produce la evolución de las adaptaciones. Pero no es ni omnipresente ni omnipotente. Como veremos en el próximo capítulo, varios factores limitan la acción de la selección natural.

CAPÍTULO 4

Enfrentándonos a la complejidad de la naturaleza

Abandonamos el ambiente controlado del laboratorio, armados con nuestra caja de herramientas metodológica y conceptual, y salimos al campo a estudiar el proceso evolutivo. Entonces observamos inmediatamente que la situación se hace más compleja, a veces inmanejablemente complicada. La eficacia biológica varía entre genotipos de forma impredecible, las distribuciones fenotípicas dejan de ser uniformes o estadísticamente sencillas, las poblaciones de las especies sometidas a selección cambian de tamaño entre generaciones y en algunos casos disminuyen excesivamente, los fenotipos dejan de ser simples e incorporan múltiples rasgos funcionales, las condiciones ambientales y los escenarios selectivos cambian y se tornan dependientes del contexto, las presiones selectivas fluctúan, se cancelan o cambian de dirección entre episodios selectivos, se multiplican y actúan sinérgicamente o entran en conflicto entre ellos, y su identidad se diversifica. La naturaleza resulta verdaderamente compleja.

Hemos elegido, desde hace ya muchos años, escenarios sencillos porque nos permiten controlar mejor los factores implicados en la evolución de los organismos. Se trabaja en el laboratorio con bacterias, insectos o ratas, o se cultivan plantas midiendo variables en condiciones controladas. En el campo se eligen ambientes simplificados donde el número de factores y presiones selectivas sea reducido. Sin embargo, estos no son los escenarios más frecuentes en la Tierra. Por ello, en este capítulo exploraremos, aunque de manera sucinta, qué ocurre cuando tenemos en cuenta la inherente complejidad de la naturaleza.

Las poblaciones en el campo son finitas y, en muchos casos, pequeñas

En el capítulo 3 describimos la selección natural como un fenómeno que ocurría cuando se daban tres condiciones: que hubiese variación en un rasgo, que esa variación estuviese asociada a la eficacia biológica de los individuos y que fuese heredable. Sin embargo, en algunas circunstancias, el segundo presupuesto no se cumple y algunos rasgos pueden evolucionar a pesar de no tener un efecto positivo directo sobre la eficacia biológica de sus portadores. Este proceso evolutivo no adaptativo, que conlleva un cambio en la frecuencia de las variantes genéticas de una población debido a efectos estocásticos, se denomina *deriva genética*. Es un proceso reconocido desde hace bastante tiempo por los biólogos evolutivos. A veces surgen controversias sobre cuál de los dos procesos principales de cambio, selección o deriva, juega un papel más importante en la evolución de determinados rasgos.

Es importante saber en qué condiciones la deriva genética prevalece sobre la selección. El principal factor que produce deriva genética es el número de individuos que conforman la población. Así, cuando el tamaño de la población de una especie se reduce por debajo de un determinado umbral, los cambios aleatorios en la frecuencia de variantes genéticas se potencian y existe la posibilidad de que algunas variantes se pierdan y otras se fijen por razones puramente estocásticas. Por encima de un cierto tamaño mínimo de las poblaciones, la deriva genética deja de tener importancia. Los efectos de la deriva genética, principalmente una baja diversidad genética, serán más probables por tanto en aquellas poblaciones que han sufrido en el pasado una disminución drástica en su tamaño (*cuello de botella poblacional*) o que han evolucionado a partir de un número pequeño de individuos (*efecto fundador*). Por ejemplo, la variación genética de los lobos ibéricos (*Canis lupus signatus*) se ha reducido probablemente debido al cuello de botella que el ser humano produjo en las últimas décadas de siglo XX. La caza y el uso de veneno redujeron su población a unos cientos de individuos en el último cuarto de ese siglo. Desde entonces, su población se ha recuperado hasta superar los 2000 individuos, pero sus genes siguen llevando las marcas de este cuello de botella: tienen menos variación genética que las poblaciones de lobos norteamericanos o de Europa oriental y Siberia. Otro ejemplo diferente, pero con similar reducción de diversidad genética, es el caso de la ardilla moruna (*Atlantoxerus getulus*), que fue introducida en la isla de Fuerteventura probablemente a partir de una única pareja proveniente del norte de África. En la actualidad, se piensa que el número de individuos de esta especie en la isla majorera es cercano al millón. Debido, sin embargo, a que todos estos individuos provienen probablemente de esa pareja fundadora, la diversidad genética es mucho menor que la que existe en poblaciones nativas de Marruecos.

En general, se acepta que la fuerza con que actúa la deriva genética sobre una población es inversamente proporcional al tamaño efectivo de sus poblaciones. Este tamaño efectivo es un concepto más complejo que el mero número de individuos, ya que incluye factores como el modo de herencia, el nivel de endogamia, la razón de sexos, la varianza en el éxito reproductivo, las fluctuaciones temporales, la estructura por edades y cualquier estructura genética o espacial de la población. La selección y deriva coexisten siempre en las poblaciones naturales. Que prevalezca una u otra dependerá de la relación entre la fuerza de selección y el tamaño de la población. Así, una misma fuerza selectiva débil puede causar evolución por selección en una población grande, pero sería insignificante en una población pequeña, que evolucionaría por deriva. Podríamos decir que la deriva constituye el ruido de fondo sobre el que ocurre la evolución por selección natural.

Cuando el ruido es grande, solo grandes diferencias en eficacia biológica pueden causar evolución por selección.

Igual de importante que conocer sus causas es inferir las consecuencias evolutivas que pueda tener la deriva genética. Una primera y obvia consecuencia es que causa cambios aleatorios en las frecuencias de las variantes genéticas y fenotípicas entre generaciones. Si las poblaciones son muy pequeñas, estos cambios aleatorios pueden conllevar que algunas variantes desaparezcan de la población para siempre. Una segunda consecuencia de la deriva genética es que reduce la variación genética de las poblaciones. Esta consecuencia es importante, porque disminuye la capacidad de la selección natural de actuar cuando el tamaño de la población crezca, ya que la despoja de parte de la variación. Esto limita no solo la capacidad de una población de organismos de generar diversidad genética, sino también de responder a la selección natural (*evolucionabilidad*). Los dos procesos de reducción en el tamaño poblacional vistos arriba, el cuello de botella y el efecto fundador, afectan de forma diferente a esta depauperación genética y tienen por tanto consecuencias levemente diferentes sobre la evolución adaptativa de las poblaciones. Por último, al reducir la eficiencia de la selección, la deriva genética podría aumentar la probabilidad de fijación de mutaciones neutras y deletéreas en algunas poblaciones. Y cuando la fuerza de la deriva genética supera a la fuerza de la selección, se entra en un proceso de evolución neutral, no adaptativa. Si una especie está compuesta principalmente por poblaciones pequeñas, cabría esperar que la deriva genética haya sido un factor importante moldeando su evolución fenotípica.

La arquitectura genética de los rasgos no siempre es sencilla

La genética mendeliana, centrada en genes dominantes que se interpretan fácilmente, explica una pequeña proporción de la conformación genética de un organismo. Cada rasgo suele tener detrás unas características genéticas propias y más complejas. Entender la estructura y distribución de los efectos genéticos que controlan la producción y variación de los rasgos fenotípicos, un patrón que se denomina *arquitectura genética de un rasgo*, nos permite profundizar en el conocimiento del papel que juega la selección natural en la evolución de algunos fenotipos.

En los capítulos anteriores hemos visto que la varianza genética aditiva, aquella causada por dos genes que no interactúan entre sí, facilita la acción de la selección natural. Pero no es raro que los efectos de un gen determinado sobre un rasgo biológico se vean enmascarados o potenciados por la expresión de otros genes. Bajo esta situación, el efecto de ambos genes sobre el fenotipo de los organismos ya no es independiente. Por ejemplo, el color del pelaje de los perros está determinado por la actividad de los genes *TYRP1* y *MC1R*. El gen *TYRP1* produce eumelanina: el alelo dominante (B) da color negro y el recesivo (b) marrón. Sin embargo, el efecto de *TYRP1* puede observarse solo si hay al menos un alelo dominante de *MC1R*. Así, si un perro es homocigoto recesivo para *MC1R*, no produce eumelanina en absoluto y se ve amarillento, sin importar su genotipo en *TYRP1*. Por tanto, *MC1R* controla la expresión de *TYRP1*.

Como vimos en el capítulo 2, este fenómeno se denomina epistasis. Se trata de un elemento fundamental de la arquitectura genética de la mayoría de los rasgos. La idea que subyace a la presencia de fenómenos epistáticos es que la expresión de muchos genes está interconectada. Lo relevante de la presencia de epistasis es que puede afectar a la acción de la selección natural y alterar significativamente los patrones de evolución adaptativa. Así, cuando la expresión de un gen aumenta el efecto de otro gen sobre el mismo rasgo, la varianza genética aditiva aumentará y la respuesta a la selección se acelerará. El resultado será el contrario si el efecto de un gen contrarresta los efectos que otro gen tiene sobre el rasgo que está bajo selección. En general, una alta presencia de epistasis se considera un factor que altera el patrón de evolución adaptativa.

A veces, lo que ocurre es que un único gen, o una única mutación, afecta a múltiples rasgos. Por ejemplo, la mutación del gen que en humanos produce la fibrosis quística también puede causar infertilidad masculina. Vimos en el capítulo anterior que este fenómeno se denomina pleiotropía. Al igual que pasa con la epistasis, la pleiotropía fue descrita formalmente hace más de un siglo y su presencia era conocida o sospechada incluso desde mucho antes. A pesar de su antigüedad, no ha perdido nada de frescura. Por una parte, porque se piensa que la pleiotropía es un fenómeno común en muchos organismos, ya que el número de rasgos fenotípicos de cualquier organismo complejo supera al número de genes que tienen y muchos de estos rasgos aparecen siempre de forma coordinada o asociados en los mismos individuos. Esto explica, en parte, por qué los genetistas se sorprendieron cuando se acabó de secuenciar el genoma humano en el año 2000, porque no pensaban que tantas diferencias fenotípicas entre humanos se explicaran con tan pocos genes (unos 19 000-20 000 genes codificantes de proteínas).

Los efectos pleiotrópicos son complejos en su naturaleza y tipo. Así, la pleiotropía puede ocurrir porque un único gen afecte de forma separada a múltiples rasgos o porque ese gen dispare una única cascada de eventos que afectan a varios rasgos. Como ejemplo del primer tipo, las mutaciones en el gen humano de la cristalina αB (*CryAB*) se asocian tanto a cataratas como a cardiomiopatía dilatada, ya que este gen se expresa en el ojo y en el corazón, donde cumple funciones aparentemente no relacionadas en ambos órganos. Como ejemplo del segundo tipo, una mutación en el gen de la globina b hace que la hemoglobina se polimerice cuando se desoxigena, deformando los glóbulos rojos en forma de hoz, lo que dificulta el flujo de glóbulos rojos y provoca isquemia en órganos y tejidos periféricos de forma secuencial. Como vemos, identificar y cuantificar patrones pleiotrópicos no es fácil, y hoy en día hay una activa búsqueda de sus características. Pero lo que nos interesa aquí son las consecuencias evolutivas de este fenómeno.

Los efectos pleiotrópicos pueden limitar las posibilidades de evolución adaptativa favoreciendo el mantenimiento de rasgos neutros, sin efecto en la eficacia biológica, o incluso deletéreos, con efecto negativo en la eficacia biológica, si estos rasgos están asociados a otros que afectan a la eficacia biológica. Esto es debido a que esos rasgos no beneficiosos, al estar correlacionados con rasgos beneficiosos, responderán de forma indirecta a la selección que sí que actúa sobre dichos rasgos beneficiosos. En términos técnicos, sobre el rasgo beneficioso actúa selección directa mientras que sobre el rasgo correlacionado actúa selección indirecta. A pesar de lo que pueda parecer, la presencia de selección indirecta no es rara en la naturaleza. Por ejemplo, la hipótesis de la pleiotropía antagonista postula que ciertos genes pueden conferir efectos beneficiosos en una etapa temprana de la vida de un organismo, aumentando el éxito reproductivo, mientras que también pueden causar efectos perjudiciales en etapas posteriores de la vida, contribuyendo al proceso de envejecimiento. Bajo esta perspectiva queda claro que, cuando hay procesos pleiotrópicos involucrados, la evolución de muchos rasgos no puede comprenderse de forma aislada, sin tener en cuenta la presencia de otros rasgos.

Los regímenes selectivos pocas veces son simples

Una de las primeras cosas que un biólogo evolutivo percibe cuando estudia una población en condiciones naturales es que la selección observable es nula la mayoría de las veces y para la mayoría de los rasgos estudiados. Intensidades de selección muy débiles pueden ser fruto, como hemos descrito anteriormente, del tamaño pequeño de las poblaciones naturales o de la arquitectura de los rasgos. Pero otras veces la selección es nula por razones relacionadas con la propia estructura de los escenarios selectivos (figura 2).

Una primera característica de los sistemas naturales es que varían a diferentes escalas espaciales y temporales. Casi nada en la naturaleza permanece constante en el espacio y el tiempo. Y esta variación espaciotemporal tiene consecuencias importantes para la adaptación poblacional. Si una población está bajo presiones selectivas que varían en magnitud, y sobre todo en dirección, entre diferentes episodios selectivos de forma impredecible, se originarán regímenes de selección fluctuante que harán que la intensidad de selección que un rasgo soporta a largo plazo disminuya mucho o incluso se anule. Un ejemplo paradigmático ocurre en algunas de las islas Galápagos, donde los ciclos de oscilaciones extremas en las precipitaciones influyen en el crecimiento de las plantas y altera la disponibilidad de semillas de las que se alimentan algunas especies de los famosos pinzones del género *Geospiza*, como por ejemplo el pinzón de tierra mediano (*Geospiza fortis*). En particular, hay dos escenarios contrastantes que duran entre 3 y 7 años. Uno en el que la época de sequía ocurre tras un periodo de precipitación normal, y en el que las semillas grandes, duras y leñosas acaban siendo más abundantes que las semillas pequeñas, y otro en el que la sequía ocurre tras un periodo de precipitación extrema, y en el que las semillas pequeñas acaban siendo más abundantes que las semillas grandes. Esto tiene un efecto importante en la selección que actúa sobre los individuos de *G. fortis*, pues cambia de signo entre escenarios temporales. Mientras la selección favorece a los individuos de gran tamaño y picos lo suficientemente fuertes para abrir semillas grandes en el escenario de régimen normal, beneficia a los individuos pequeños con picos pequeños y puntiagudos capaces de aprovechar las semillas pequeñas y blandas en el régimen de precipitación extrema. La principal consecuencia de estos regímenes selectivos fluctuantes es que, a pesar de que la selección es direccional durante la mayoría de los episodios, las selecciones individuales se suelen anular entre sí a medio y largo plazo, y la forma y tamaño del pico de los pinzones permanece más o menos estable.

En la naturaleza son raras las ocasiones en las que actúa una única presión selectiva sobre un rasgo. Lo normal es que múltiples presiones selectivas operen a la vez. A veces esto ocurre porque la relación del rasgo con la eficacia biológica del portador depende de múltiples presiones selectivas. En general las presas son consumidas por múltiples depredadores. Muchos rasgos de las presas han evolucionado como respuesta a evitar ser consumidas por un conjunto de depredadores, cada uno de los cuales tiene sus propias estrategias de caza y seleccionan a las presas sobre la base de diferentes criterios. Otras veces lo que ocurre es que el rasgo desempeña varias funciones, sirve para varias cosas y cada una de ellas genera una relación independiente con la eficacia biológica del portador.

Figura 2

Ejemplo de escenarios selectivos complejos. Se muestra el resultado de un estudio realizado en ocho poblaciones (círculos) de un alhelí (*Erysimum mediohispanicum*) en Sierra Nevada (Granada), que explora la selección natural sobre cuatro rasgos florales (cuadrados) ejercida por cuatro tipos de polinizadores (hexágonos negros) y la cabra montés (*Capra pyrenaica*) (hexágono blanco). La selección, representada mediante líneas que conectan cada rasgo floral con las presiones selectivas y con la eficacia biológica de las plantas (W) se detectó únicamente en cuatro de las ocho poblaciones (círculos negros). Además, los patrones de selección variaron entre ellas: los rasgos seleccionados, el tipo de polinizador implicado y el papel selectivo de la cabra montés fueron diferentes en cada caso.

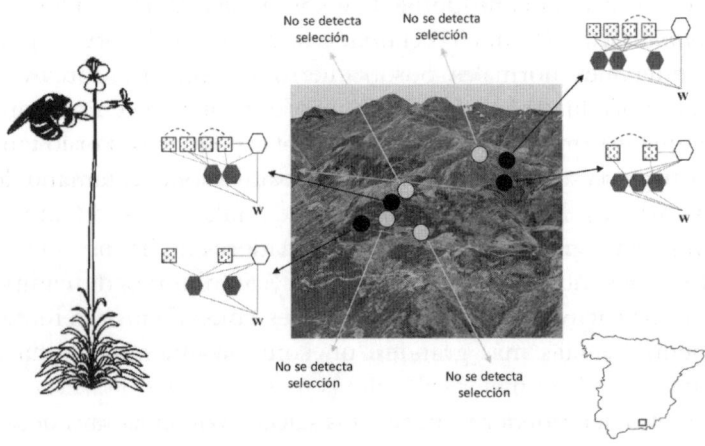

Fuente: Adaptada de Gómez *et al.* (2009), *Ecological Monographs*, 79, pp. 245-263.

Los pigmentos responsables del color de muchas flores cumplen varias funciones simultáneamente: favorecen la atracción de animales polinizadores, contienen compuestos que defienden a las flores frente a comedores de pétalos y protegen sus tejidos de los rayos ultravioleta, que son altamente mutagénicos y estresantes. Se puede intuir fácilmente que las presiones selectivas que modulan el valor del rasgo a través de cada función serán diferentes. El color de las flores está modulado a través de la primera función por los patrones de preferencia de los polinizadores, a través de la segunda función por la eficiencia de los pigmentos de inhibir el crecimiento de patógenos (como bacterias, virus u hongos) y dificultar la alimentación de los herbívoros florícolas, y a través de la tercera función por la eficiencia de esas moléculas de filtrar los rayos ultravioleta, como hace cualquier filtro solar, y de actuar como antioxidantes.

Cuando coexisten múltiples presiones selectivas, el problema surge una vez que diferentes agentes seleccionan valores opuestos del mismo rasgo, lo que favorece la aparición de regímenes de selección conflictiva. En este escenario la selección neta sobre el rasgo se relaja bastante o incluso puede desaparecer. Un ejemplo de *selección conflictiva* es la que ocurre sobre el tamaño de las bellotas de las encinas (*Quercus rotundifolia*). Producir bellotas grandes se ve favorecido en condiciones normales porque germinan mejor, sobreviven más y producen plántulas más vigorosas que crecen más durante los primeros años que las bellotas pequeñas. Por lo tanto, hay una selección direccional y positiva sobre el tamaño de las bellotas. Pero esta selección se ve anulada cuando entran en juego algunas especies de depredadores de frutos y semillas, como los jabalíes (*Sus scrofa*) y los ratones de campo (*Apodemos sylvaticus*). Estos animales consumen preferentemente bellotas más grandes, un comportamiento que hace que sobrevivan mejor las bellotas más pequeñas. Por esta razón, los depredadores de bellotas seleccionan en contra de las más grandes, ejerciendo una presión de selección negativa sobre su tamaño. La coexistencia de presiones de selección positiva y negativa provoca que no haya una selección neta sobre el tamaño de las bellotas. De la misma forma, la presencia de mimetismo imperfecto, que ocurre cuando una especie se mimetiza con otra de forma imprecisa, representa un gran desafío para la teoría evolutiva, porque es esperable que la selección natural opere para ajustar al máximo el fenotipo de las especies imitadoras (mímicas) con el de las especies que imitan (modelo). En algunas circunstancias, el mimetismo imperfecto surge por la combinación de presiones selectivas opuestas ejercidas sobre la especie mímica tanto por depredadores propios (que favorecerían los fenotipos más parecidos al modelo) como por depredadores de sus modelos (que favorecerían los fenotipos más diferentes del modelo). Esto es lo que ocurre en algunas arañas que imitan a las hormigas (*mirmecomorfas*), pero que exhiben un parecido imperfecto con sus modelos, porque son atacadas tanto por depredadores generalistas que evitan hormigas como por depredadores especialistas en hormigas (*mirmecófagos*).

Las interdependencias pueden resultar en evolución concertada

En multitud de ocasiones, las presiones selectivas que actúan sobre una determinada especie están ejercidas por otras especies con las que conviven, más que por factores abióticos como el clima, la composición del suelo o la temperatura. A diferencia de las presiones ejercidas por los factores abióticos, los agentes selectivos bióticos sí pueden responder a los cambios en el fenotipo de las especies con las que interactúan y sobre las que ejercen selección. De este modo, se establece un sistema de selecciones recíprocas, en el que una especie ejerce selección sobre otra, que al responder a esta selección ejerce a su vez selección sobre la primera especie. Este proceso puede resultar en adaptación mutua de ambas especies en un fenómeno que se denomina *coevolución interespecífica*. Formalmente, coevolución se puede definir como aquel proceso por el cual dos o más organismos ejercen presión de selección mutua, específica y sincrónica en tiempo geológico, que resulta en adaptaciones específicas recíprocas.

La coevolución es la causa de un sinfín de adaptaciones maravillosas en el contexto de interacciones ecológicas de todo tipo, tanto en aquellas en que ambos interactuantes salen beneficiados (*mutualismo*) como en aquellas en que uno se beneficia, pero el otro miembro sale perjudicado (*antagonismo*), e incluso en aquellas en que ambas especies salen perjudicadas (*competencia*). Por ejemplo, la interacción entre el críalo europeo (*Clamator glandarius*) y la urraca (*Pica pica*) es un buen ejemplo de coevolución en el contexto de una interacción antagonista: el parasitismo de cría entre aves. El críalo pone sus huevos en los nidos de la urraca. Cuando estos eclosionan, los polluelos suelen crecer más rápido que los de la urraca, recibiendo la mayor parte de la alimentación proporcionada por los padres adoptivos. Los huevos de los críalos tienen una serie de rasgos que favorecen el proceso de parasitismo. En la urraca se dan unas respuestas adaptativas para contrarrestar la presión ejercida por los críalos, como la evolución del reconocimiento y rechazo de huevos del críalo, la defensa activa de los nidos y el incremento en el tamaño de puesta en aquellas zonas con elevada magnitud de parasitismo de cría, para compensar las posibles pérdidas. Como se puede apreciar en el ejemplo, si prolongáramos este proceso a largo plazo, apreciaríamos que se trata de una carrera armamentística en la que en las urracas evolucionan rasgos para evitar el parasitismo y en los críalos evolucionan rasgos para contrarrestar esas adaptaciones defensivas y seguir parasitando.

Resumen

Aunque sabemos que la selección es el único mecanismo capaz de producir evolución adaptativa, en este capítulo hemos visto que algunos factores limitan su acción en condiciones naturales. Así, los rasgos de los organismos se ven normalmente sometidos al efecto de múltiples presiones selectivas que a veces actúan sinérgicamente y otras veces no, y que a veces son estables en el tiempo y en el espacio, y otras veces no. A todo esto hay que añadirle otra capa de complejidad surgida del hecho de que los rasgos de los organismos no se expresan de forma independiente unos de otros, lo que causa que sobre un determinado organismo operen múltiples fuerzas selectivas que, en algunos casos, pueden actuar de forma antagónica. Todos estos factores, explicados en este capítulo, provocan que en la naturaleza los rasgos de los organismos no siempre estén optimizados, y a veces no sean las mejores respuestas a las presiones selectivas existentes. Esto causa que, en algunas circunstancias, los organismos exhiban rasgos que pueden ser incluso algo perjudiciales (*rasgos maladaptativos*). La selección no es omnipotente, y los organismos se mueven en el mundo real entre el diseño y el bricolaje. Hasta aquí hemos visto que la población es la unidad básica del proceso evolutivo. En el capítulo siguiente saltaremos a un nivel de organización superior y explicaremos los conceptos de especie, es decir cuando un conjunto de poblaciones conforma una especie.

CAPÍTULO 5

A vueltas con los conceptos de especie

Siempre se ha buscado, pero nunca se ha encontrado, un solo concepto universal de especie. Algunos biólogos evolutivos consideran incluso que las especies son entidades de invención humana, porque la evolución es un continuo de divergencias a distintos niveles. Nosotros no estamos muy de acuerdo, pero entendemos por qué el reconocimiento de especies sigue siendo uno de los temas de mayor debate científico en la historia de la biología. Sin duda, se ha observado que en la naturaleza conjuntos de individuos y poblaciones muestran una serie de características relativamente estables, heredables y reconocibles, por lo que la especie se lleva tiempo considerando la unidad biológica clave de la biodiversidad de la Tierra. Incluso ahora el tema es más vigente que nunca, porque tenemos un marco conceptual más sólido y unas herramientas mucho más resolutivas que en el pasado. En este capítulo vamos a exponer los conceptos de especie que más manejan actualmente los biólogos, cuáles son las metodologías más empleadas y por qué sigue siendo un tema central en evolución.

De nombres comunes a nombres científicos

El ser humano siempre ha tenido la necesidad de clasificar la naturaleza. Desde el origen del lenguaje, durante el Paleolítico, se aprecia una necesidad imperiosa por nombrar el mundo circundante, sobre todo para comunicar la presencia de los animales y plantas más imprescindibles. Hay evidencias arqueológicas y antropológicas que demuestran que muchas culturas prehistóricas tenían un conocimiento notable de las características y el comportamiento de distintos seres vivos, que en muchos casos coinciden con especies reconocidas en la actualidad. Aquí empezaría el uso de los nombres comunes o vulgares para denominar las especies de cada región. Luego vendría la creación de muchos nombres durante la Edad Antigua y la Edad Media hasta llegar a la Ilustración y el desarrollo del método científico. Fue entonces cuando Carlos Linneo formuló su exitoso sistema para clasificar y nombrar seres vivos en el siglo XVIII, cuestión que supondría un hito científico que ha llegado hasta nuestros días. Tan exitoso fue su método que la denominación en latín de cada especie basada en dos nombres (*binomen*), uno para identificar el *Género* y otro para la *especie*, se ha mantenido hasta nuestros días. Eso sí, refinándose cada vez más sobre la base de un sistema evolutivo.

Dualidad pragmático-evolutiva de las especies

El concepto de especie debe cumplir dos funciones íntimamente relacionadas: una pragmática, que permita el reconocimiento de la diversidad natural, y otra evolutiva, que refleje las relaciones genealógicas de los seres vivos. En otras palabras, se consideran dos componentes de una dualidad pragmático-evolutiva que representan dos caras de la misma moneda en la clasificación de las especies. Por una parte, los biólogos tenemos la responsabilidad de ofrecer un conocimiento práctico mediante la clasificación de las especies con el fin de que la sociedad pueda comprender y organizar la biodiversidad que nos rodea. La ciencia de la clasificación y denominación de especies (taxonomía) proporciona una ordenación fundamental para que profesionales de otras disciplinas (médicos, farmacéuticos, ingenieros, policías o jueces) tengan un lenguaje común para entenderse en sus propias investigaciones. Cualquier profesional precisa poner etiquetas a la ingente biodiversidad de la Tierra para después emplearlas en trabajos especializados. Y lo mismo ocurre entre los aficionados y amantes de la naturaleza interesados en clasificarla, aunque solo sea de forma aproximada. Por otra parte, los biólogos evolutivos no nos contentamos con un álbum de cromos más o menos ilustrado con nombres que no obedezcan a unidades evolutivas. Es decir, la ciencia que clasifica a los seres vivos según criterios evolutivos (sistemática) utiliza todas las disciplinas biológicas para agrupar las poblaciones de organismos en unidades evolutivas. En un mundo ideal, la dualidad confluye en un conjunto de poblaciones que forman una especie porque son identificables de forma práctica frente a otras y tienen un solo origen evolutivo. En definitiva, el juego consiste en encontrar propiedades morfológicas y evolutivas que agrupen a un conjunto de poblaciones y las diferencien de otras. Y esto también ocurre con las categorías superiores a la de especie. El objetivo final de la sistemática es conciliar la clasificación linneana preestablecida en los últimos siglos de manera más o menos práctica con los patrones evolutivos, es decir, agrupar a las poblaciones con un mismo origen evolutivo y que a su vez se puedan distinguir de manera práctica.

Tres fuentes de incertidumbre en el reconocimiento de especies

Mucha gente piensa que las especies están establecidas y que los científicos ya no las cuestionan, por lo menos las más comunes. Y esto no es así ni mucho menos. Nos encontramos ante tres fuentes de incertidumbre. Por una parte, hay aún muchas especies por descubrir. Pero ¿cuántas? Actualmente, los científicos reconocen más de dos millones de especies descritas oficialmente. Sin embargo, se calcula que suponen aproximadamente el 20% de las existentes en el planeta, estimación realizada con diversos métodos de extrapolación (cálculo de experto, correlaciones de tamaño y número, ajustes de curvas asintóticas, proporciones entre territorios, entre otros). Por otra parte, tenemos problemas en identificar muchas especies, y cuanto más pequeños sean los organismos, más difíciles son de encontrar e identificar. Afortunadamente, la genética está ayudando mucho a clasificar los microorganismos tales como bacterias, arqueas, hongos y eucariotas unicelulares, de manera que se ha convertido en una herramienta indispensable por medio del método de código de barras genético (*barcoding*). En definitiva, hay muchas especies vivas por descubrir y muchas extintas por desenterrar. Por último, hay que señalar que no hay consenso científico en el reconocimiento de las especies de un mismo grupo biológico. En algunas ocasiones hay tantas clasificaciones como expertos han estudiado el mismo grupo biológico, generando incertidumbre taxonómica. Para ilustrar la complejidad de la clasificación, ni siquiera nos ponemos de acuerdo sobre el número de especies del género *Homo* que han existido, pues fluctúa entre tres y una veintena según la clasificación que consideremos (véase capítulo 8). Si esto ocurre con humanos, ¿qué podemos esperar de las demás especies?

Los tres conceptos de especie más aplicados

Los naturalistas siempre han propuesto un sistema de clasificación natural. Al principio, el concepto natural era divino y después pasó a ser evolutivo, es decir, se ha buscado desde entonces un sistema que refleje la evolución de los seres vivos. En las últimas décadas se han propuesto definiciones de especie cada vez más refinadas en esta dirección gracias al uso de la genética, la experimentación, la modelización y la computación de grandes bases de datos. Todos estos avances tecnológicos están sirviendo para entender mejor los mecanismos evolutivos más importantes en la formación de las especies y su mantenimiento (*especiación*). No en vano, se ha hecho un gran esfuerzo en proponer numerosos conceptos de especie (¡más de 20!). De todos estos, los conceptos de especie más aplicados en la actualidad son tres: tipológico, biológico y filogenético.

El concepto de *especie tipológica* lleva con nosotros desde antes de Linneo, porque se basa en la idealización de una entidad morfológica que subsume toda la variabilidad de la especie. Esto se entiende bien cuando observamos ilustraciones científicas de especies actuales, que no representan un ejemplar concreto como hace una fotografía, sino que intentan incluir los rasgos que caracterizan a la mayoría de los individuos de una especie concreta. Aunque la especie tipológica parezca anticuada, no lo es ni mucho menos. Hay que tener en cuenta que el reconocimiento de las especies sigue estando basado principalmente en las características morfológicas únicas que el ser humano pueda distinguir, y su cerebro entender. Es entonces cuando se da un nombre válido a las nuevas especies, para lo cual hay que aplicar el código internacional de nomenclatura, que considera esta diferenciación morfológica según su rango taxonómico (especie, subespecie, variedad). Esta aproximación es realmente buena, porque ha permitido buscar discontinuidades en toda la naturaleza y otorgarles un rango taxonómico concreto según las diferencias fenotípicas de las agrupaciones resultantes. Y por si esto fuera poco, se lleva siglos conservando material de referencia (tipos) en colecciones (herbarios, museos) para conseguir así un sistema de clasificación duradero, comprobable y ampliable. Pocas disciplinas científicas pueden remontarse a conjuntos de datos de referencia obtenidos hace más de 250 años, que resultan imprescindibles, ampliables y la base para cualquier investigación biológica.

El concepto de *especie biológica* se desarrolló en detalle ya entrado el siglo XX para distinguir grupos de poblaciones naturales con posibilidad de cruzamiento entre sus individuos, pero aisladas reproductivamente de las poblaciones de otras especies. Aplicando este criterio, también se encuentran discontinuidades que todo taxónomo necesita para distinguir especies. Sin duda, la incapacidad de cruzamiento se utiliza como argumento de aislamiento, sobre todo cuando la descendencia no es fértil. Es muy conocido el ejemplo del cruzamiento entre un asno y una yegua que solo produce mulas y mulos estériles. El problema viene cuando esa esterilidad no es completa en la primera generación y solo explica una parte del aislamiento reproductivo de la descendencia. Por ejemplo, el cruzamiento de especies asiáticas y europeas que dieron origen a las rosas de jardinería produce mayormente híbridos estériles, pero no siempre. Esto es una fuente de incertidumbre no solo en plantas, sino también en bacterias, eucariotas unicelulares y, sobre todo, en cualquier especie fósil donde es casi imposible inferir su esterilidad. En definitiva, cuanto mayor es el aislamiento reproductivo, mejor definida estará cada especie biológica. Pero esto es muy difícil de comprobar durante muchas generaciones y en condiciones naturales.

El concepto de *especie filogenética*, que para muchos biólogos contiene una metodología tan convincente que puede llamarse directamente concepto de especie evolutiva, apareció a mediados del siglo XX. Su principio básico es la inclusión del conjunto de poblaciones que provienen de un último antepasado común —a este organismo ancestral también se le denomina ancestro común más reciente (MRCA, *most recent common ancestor*)—, y solo a estos descendientes. En otras palabras, cada especie debe incluir el linaje que contiene el conjunto de todas las poblaciones descendientes de un último ancestro común (*grupo monofilético*) que mantienen su propia identidad y características evolutivas. La reconstrucción de árboles genealógicos de poblaciones y especies, gracias a la filogenia molecular que emplea millones de marcadores genéticos (sustituciones nucleotídicas del ADN), ha dado un gran apoyo al reconocimiento de especies genuinamente evolutivas. Y no solo de especies, sino también de otros táxones superiores (géneros, familias, órdenes, clases, divisiones o filos, reinos y dominios) que representan unidades evolutivas obtenidas en la reconstrucción de todo el *árbol de la vida* (véase capítulo 6). Estas unidades evolutivas a distintos niveles reflejan divergencias temporales en especies (cuando son de origen más reciente), géneros (divergencias originadas con anterioridad), familias (divergencias aún más antiguas), y así sucesivamente.

Pero cualquier concepto de especie sigue siendo el nudo gordiano de la evolución y clasificación de la biodiversidad, porque no hay un concepto universal que se pueda aplicar a grupos muy diferentes, como a mamíferos y bacterias, pongamos por caso. Por ello, cada cierto tiempo aparecen nuevas ideas, enfoques y conceptos de especie. Incluso en lo que llevamos del siglo XXI hemos visto surgir nuevas propuestas, como la taxonomía integradora y la taxonomía heurística, que dan algunas soluciones a antiguos problemas taxonómicos. En la práctica, se establecen unos criterios particulares para cada grupo de organismos (aves, bacterias, plantas, hongos, etc.), que proponen los especialistas con mayor o menor éxito, y después se intenta obtener un consenso científico. Como en cualquier disciplina científica, se ponen sobre la mesa todas las fuentes de evidencia, para después analizar los datos con las metodologías más relevantes, seleccionar discontinuidades fenotípicas entre grupos de poblaciones y valorar cuántos conceptos de especie apoyan y definen mejor una agrupación de poblaciones frente a otras. Y así se puede argumentar una propuesta taxonómica de especie frente a otras propuestas alternativas. Por lo tanto, seguimos sin un concepto universal de especie.

Conciliación entre clasificaciones tradicionales y evolución

En estos momentos, se está realizando un esfuerzo enorme en utilizar las clasificaciones tradicionales y comprobar cuáles se ajustan mejor a los grupos biológicos proporcionados por la filogenia. En el caso de las especies, se buscan grupos de poblaciones que comparten un solo antepasado común más reciente, y que se distinguen morfológicamente bien de otros grupos de poblaciones. En otras palabras, el método que se aplica mayoritariamente en la actualidad consiste en considerar los fenotipos propuestos por las clasificaciones taxonómicas previas (especies tipológicas) y aplicar los principios de agrupación de la filogenia (especies filogenéticas o evolutivas). Es muy interesante someter a prueba cuáles de las clasificaciones tradicionales de especies de un determinado género se ajustan mejor a los resultados filogenéticos, y lo mismo se puede aplicar a categorías superiores como familias, órdenes y demás. Gracias a este método integrador, en solo tres décadas se ha conseguido ordenar desde un punto de vista evolutivo gran parte de la biodiversidad de nuestro planeta.

También estamos impresionados al observar que, a pesar de los innumerables cambios en la clasificación de los seres vivos que se han ido publicando en los últimos años, la mayor parte de especies y otros táxones superiores se han ido corroborando con filogenias basadas en ADN. Esto dice mucho del buen criterio histórico de los taxónomos antes de la irrupción de la genética y la filogenia. Claro que hay casos que nos sorprenden mucho y somos reacios a asumir, porque hay un rechazo psicológico del ser humano a nuevos cambios y a renunciar a aquellos conocimientos aprendidos previamente. A nadie nos gusta que nos cambien mucho la ya compleja clasificación de los seres vivos, pero al final las especies son hipótesis y debe imperar el razonamiento científico. Suponemos que, en la época de Linneo, cuando no había clasificaciones evolutivas, a la gente le costó mucho asumir que los delfines no eran peces, que los murciélagos no eran aves y que los corales no eran plantas. Las siguientes generaciones lo fueron aceptando. Un ejemplo del pensamiento recalcitrante que tenemos los humanos es hacer entender hoy día al público que los dinosaurios no se extinguieron porque las aves siguen entre nosotros.

Procedimiento básico en la actualidad

La primera aproximación que realizamos los biólogos ante la apabullante biodiversidad de la Tierra es buscar discontinuidades morfológicas que agrupen un conjunto de poblaciones en especies y no a otras. El siguiente paso es encontrar un nombre a nivel de especie para dichas poblaciones, y valorar su distribución global. Después se realizan estudios evolutivos basados, sobre todo, en filogenias que apoyen (o no) una especie sobre la base de las agrupaciones de poblaciones que comparten un único antepasado común. Y así, amplias colecciones de individuos emparentados permiten conocer la distribución de dichas especies. Otros análisis poblacionales suelen realizarse después, en la búsqueda del reconocimiento de cada especie: genéticos (diversidad genética), ecológicos (hábitats), reproductivos (viabilidad de cruzamientos), estacionales (floración, celo), mecánicos (tamaños y órganos reproductores compatibles), conductuales (cortejos, toxicidades), entre otros.

Aislamiento geográfico en el proceso de especiación

El aislamiento es clave en especiación porque supone una separación efectiva tras un proceso de interrupción de flujo génico, normalmente de tipo físico (véase capítulo 1). El aislamiento espacial a escala local, que con el tiempo se convierte en geográfico, explica gran parte del aislamiento evolutivo de las especies. En concreto, las barreras geográficas son las más efectivas para el mantenimiento del aislamiento entre las especies. De hecho, la eficacia de estas barreras geográficas no solo se observa en los casos de plantas y animales sésiles; sorprende observar aislamiento debido a barreras geográficas estrechas, pero muy efectivas, incluso en organismos que vuelan como las aves. La línea de Wallace del sureste asiático es un caso paradigmático (imagen 5). Alfred Russel Wallace indicó que las islas al este de Java y Borneo tenían una fauna más parecida a la de Australia que a la fauna del resto de Asia. Y las reconstrucciones biogeográficas han confirmado esta línea imaginaria y han encontrado una barrera efectiva entre muchos grupos de animales y plantas, a pesar de una distancia mínima de tan solo 35 km en el estrecho de Lombok.

El último fotograma de una película de 4000 millones de años

Desde el origen de los primeros seres vivos, las especies actuales se entienden como un fotograma de una película inacabable. En realidad, estamos presenciando el último fotograma de lo que queda sin extinguir. Cada año, los individuos de las especies vivas producen muchísimos más descendientes que aquellos que alcanzan la edad reproductiva. El resultado es que las constantes extinciones locales o regionales van eliminando las numerosas divergencias que se producen todos los años, y no solo por desaparición de ciertos individuos y poblaciones, sino también de linajes y especies completas. De hecho, estamos presenciando un último fotograma en el que unas especies están bien definidas, pero otras muchas están en proceso de diferenciación, de manera que las hemos sorprendido especiando. Por ello, los biólogos queremos reflejar esta situación evolutiva en la clasificación, aceptando subespecies y variedades que pudieran ser estados inacabados de especiación. Por si fuera poco, además de estos procesos de especiación y extinción tan habituales, también se producen eventos devastadores que han llegado a un extremo en las grandes extinciones de otras épocas geológicas, como cada una de las cinco registradas en la Tierra desde el Cámbrico (hace unos 540 millones de años) (imagen 7). La gran biodiversidad que nos asombra hoy día no es más que una ínfima parte de las especies que han poblado nuestro planeta.

El inicio de este *thriller* de nacimiento, muerte y destrucción lo han fijado los biólogos con un antepasado universal de la vida llamado LUCA (véase capítulo 1), que sirve para visualizar un primer organismo celular que divergiría en los demás seres vivos por evolución. La película empieza con LUCA, avanza con éxito hasta el nacimiento de cada uno de nosotros y no se prevé próximamente la última temporada, aunque sí se observa que uno de los personajes está facilitando su autodestrucción y el exterminio de la vida de la Tierra. De hecho, este relato se parece cada vez más a una película distópica donde el progresivo suicidio colectivo de una especie está desencadenando una dramática desaparición de las demás.

Resumen

El binomen *Género-especie* sigue sirviendo para definir poblaciones que se agrupan en una misma unidad evolutiva denominada especie. En ocasiones, es tan compleja la circunscripción de conjuntos de poblaciones de una especie claramente aisladas de otros conjuntos que los biólogos optamos por una concepción dual pragmático-evolutiva que incluya características únicas y prácticas para identificar cada especie y, a su vez, que refleje el proceso evolutivo de especiación. Actualmente, muchos científicos hemos tirado la toalla abandonando la tarea de proponer un concepto universal de especie que sirva para bacterias, arqueas, eucariotas unicelulares, hongos, animales y plantas, porque los mecanismos y procesos de especiación son muy diferentes entre ellos. En el mejor de los casos, las especies responden a alguno de los tres conceptos de especie más reconocidos (tipológico, biológico, filogenético). Los caracteres morfológicos que describen una tipología siguen siendo fundamentales en el reconocimiento de especies vivas y fósiles debido a su gran éxito práctico. El concepto biológico es siempre un buen apoyo, aunque muchas veces es difícil de comprobar un aislamiento reproductivo de cada especie durante muchas generaciones. El concepto filogenético (o evolutivo) de especie es el que permite una aplicación generalizada y vertebra la biodiversidad de la Tierra. En el capítulo siguiente realizaremos un repaso sobre la evolución de esta biodiversidad a través del tiempo y describiremos los patrones evolutivos más importantes que nos proporciona el gran árbol de la vida.

CAPÍTULO 6

El árbol de la vida: evolución a través del tiempo

El árbol de la vida no es tan solo un dibujo. Las relaciones de parentesco que se ilustran en cualquier árbol evolutivo (también llamado *árbol filogenético*) son el resultado de grandes bases de datos y análisis computacionales complejos. El árbol de la vida es la reconstrucción más completa, pues muestra el origen y evolución de los seres vivos desde LUCA hasta la actualidad (imagen 1). En solo tres décadas apenas hay alguna área dentro de la biología que no haya sido influenciada por la reconstrucción de un árbol de la vida cada vez más resuelto. Antes era muy deficiente la reconstrucción evolutiva de numerosos grupos de organismos con caracteres ancestrales por la falta de fósiles, sobre todo de organismos blandos que apenas fosilizan. Ahora la combinación de numerosos fósiles nuevos y análisis evolutivos con ADN de todos los grupos de organismos vivos sirve para reconstruir todas las ramas del árbol. Además, permite poner fecha a la evolución de los seres vivos de manera fiable desde su origen hace unos 4000 millones de años (imagen 1).

Una idea de Darwin

La idea de representar las relaciones de parentesco de los seres vivos con un principio evolutivo explícito fue formulada por Charles Darwin y expuesta claramente en su libro *El origen de las especies* (1859). De hecho, la única figura de dicho libro es una idealización de las relaciones de parentesco posibles entre antepasados y descendientes a lo largo del tiempo (medido en generaciones) (imagen 6). Aunque Darwin fue quien formuló de manera clara el principio de ascendencia-descendencia directa que ha llegado hasta nuestros días, fue Ernst Haeckel quien lo plasmó en un árbol con los grupos biológicos principales reunidos en tres ramas: Animalia, Plantae y Protista. Los animales y plantas ciertamente forman dos ramas importantes del árbol de la vida (imagen 1). Sin embargo, los protistas eran, y siguen siendo en cierta medida, un cajón de sastre donde se incluye todo tipo de eucariotas unicelulares de difícil clasificación. La práctica histórica de considerar cajones de sastre o cajas negras fue útil en su día, porque incluía organismos mal conocidos, pero se creaban así grupos artificiales sin valor evolutivo.

Reconstrucciones y no suposiciones

La revolución más profunda en la historia de las clasificaciones evolutivas se inició más tarde con la irrupción de la filogenia. A mediados del siglo XX el entomólogo alemán Willi Hennig empezó a reconstruir las relaciones de parentesco con una metodología explícita (cladística) basada en ascendencia común y patrones de ramificación evolutiva. A partir de este método se desarrolló una disciplina (sistemática filogenética) que servía para detectar grupos de organismos con un solo origen (grupos monofiléticos), es decir, todos aquellos que han surgido del ancestro común más reciente e incluye solo a sus descendientes. Esta metodología, basada inicialmente en estados de carácter compartidos por dos o más organismos (*sinapomorfía*), sigue siendo de gran utilidad en paleontología, e incluso en otras disciplinas como la lingüística, porque tiene la ventaja de poder utilizar cualquier tipo de carácter una vez que se ha codificado correctamente. Por tanto, el reconocimiento de cualquier grupo evolutivo tenía que estar apoyado principalmente por caracteres morfológicos únicos. Y luego vinieron los datos genéticos.

Gracias a los análisis de sistemática filogenética ya no tenemos que suponer, sino que ahora podemos reconstruir las relaciones evolutivas entre todos los seres vivos. Sin embargo, los escasos caracteres embriológicos, morfológicos, comportamentales y de otra naturaleza limitaban hallar unos resultados concluyentes. Los miles y miles de datos genéticos, es decir, concatenaciones de nucleótidos con las cuatro bases nitrogenadas (abreviadas como A, T, C, G), proporcionadas por las secuencias de ADN, encajaron muy bien en la preparación de matrices para los análisis filogenéticos. Actualmente hay otros métodos muy sofisticados (máxima verosimilitud, inferencia bayesiana) para analizar los datos genéticos y genómicos que proporcionan análisis filogenéticos muy sólidos para reconstruir el gran árbol de la vida.

De la era de los datos genéticos a los datos genómicos

En general, cuantas más bases nitrogenadas podamos analizar como caracteres genéticos, mejor resolución habrá en todas las ramas de cualquier árbol filogenético. El problema es que el árbol de la vida es demasiado antiguo para poder comparar secuencias de ADN entre organismos que divergieron hace mucho tiempo. *A priori* parecería imposible comparar secuencias de ADN entre bacterias y aves, pongamos por caso, porque divergieron hace tanto que difieren en numerosísimas mutaciones acumuladas en miles de millones de años. No obstante, todos los seres vivos presentan ribosomas y los genes necesarios para su síntesis. Las secuencias de ADN de dichos genes muestran un grado excepcional de conservación, con muy pocas sustituciones nucleotídicas entre las secuencias de cualquier tipo de organismo, aunque estén poco emparentados. En particular, las regiones que codifican los ribosomas (denominadas 12S, 16S, 18S y 28S) proporcionan los marcadores moleculares de mayor valor evolutivo para reconstruir las relaciones filogenéticas más profundas. Y ya dentro de cada grupo biológico obtenido por las filogenias con datos ribosómicos se consigue reconstruir las relaciones de parentesco con secuencias de ADN de las mitocondrias y otras regiones del núcleo (en eucariotas) y plastos (principalmente en plantas).

Pero todo se ha complicado cuando hay que analizar genomas compuestos por cientos de miles de bases nitrogenadas debido a la gran cantidad de datos que hay que computar. Cuando se hace un filtrado de genomas completos, se obtienen numerosos genes y fragmentos de ADN que necesitamos que sean comparables entre organismos dispares, es decir, que cada uno proceda de un mismo gen ancestral (*homólogos*). El análisis filogenético con datos genómicos se denomina filogenómica, que puede ser total (con genomas completos) o parcial (con algunos miles de regiones de ADN repartidas por todo el genoma). Las enormes bases de datos generadas así se analizan mediante análisis filogenómicos complejos que se están actualmente mejorando gracias a los programas informáticos cada vez más resolutivo, las supercomputadoras más potentes y, cómo no, la inteligencia artificial (véase epílogo).

¿Dónde ha cambiado más el árbol de la vida?

Los análisis evolutivos más recientes, basados en reconstrucciones filogenéticas, han confirmado con rotundidad muchas de las relaciones de los seres vivos interpretadas en el pasado con otros métodos menos sofisticados. Las clasificaciones previas han resultado, por tanto, muy congruentes. Sin embargo, se han encontrado muchas sorpresas, porque la evolución ha tomado numerosos caminos durante tantos miles de millones de años desde el origen de la vida. A gran escala, ahora sabemos que gran parte de la diversidad de la vida es microbiana. Esto no es de extrañar una vez datado el origen de la vida y las antiguas divergencias de los organismos con organización procariota (bacterias y arqueas) y eucariotas unicelulares (protistas). Los grupos más grandes de eucariotas pluricelulares (animales, plantas y hongos) surgieron hace menos de 1000 millones de años, es decir más de 2000 millones de años más tarde que la aparición de arqueas y bacterias.

Es imposible describir en un libro tan breve como este todos los cambios acontecidos en el árbol de la vida frente a consideraciones evolutivas anteriores. A continuación, solo enumeramos algunas de las relaciones de parentesco más notables y los patrones evolutivos más inesperados, sobre todo de grandes grupos biológicos:

- El árbol de la vida ha resultado tener pocas ramas bifurcadas (*dicotómicas*) congruentes con el reconocimiento de grandes grupos evolutivos, a diferencia de lo considerado por los biólogos y naturalistas anteriores al siglo XXI. La estructura del gran árbol de la vida es más bien asimétrica (también llamada imbricada o anidada), de manera que grupos de muchas especies actuales provienen de pequeñas ramas poco significativas en épocas pretéritas.
- Una importante excepción al punto anterior lo encontramos entre los animales bilaterales, con los protóstomos (mayoritariamente invertebrados) que son el grupo más próximo (*grupo hermano*) a los deuteróstomos (mayoritariamente vertebrados).
- Las nuevas reconstrucciones filogenéticas nos indican claramente que numerosas especializaciones se han adquirido y perdido repetidamente, de manera que los genes responsables de las mismas se han desactivado y vuelto a activar a lo largo de la evolución.

- Las reconstrucciones filogenéticas también ponen de manifiesto que no ha habido una tendencia única a evolucionar a rasgos cada vez más complejos.

- También el árbol de la vida rechaza algunas ideas erróneas y expresiones poco afortunadas como *este grupo de organismos está poco evolucionado*, cuando en realidad se refieren a organismos poco complejos. Si son organismos que han llegado hasta nuestros días deben considerarse igualmente evolucionados, aunque tengan distintos niveles de complejidad.

- Dos grandes grupos de procariotas (bacterias y arqueas) y uno de eucariotas (organismos con núcleo en todas las células) conforman todos los seres vivos que nos rodean. Nuevos resultados filogenéticos apuntan a que los eucariotas tendrían un mayor grado de parentesco con arqueas que con bacterias.

- En eucariotas, la adquisición de la mitocondria a partir de simbiosis con organismos de tipo bacteriano ocurrió una única vez, mientras que la adquisición de los plastos ocurrió varias veces. En concreto, los plastos se adquirieron varias veces de maneras diferentes (primarios, secundarios), lo que confundió mucho a los botánicos que consideraban plantas a todo organismo con clorofila.

- La transición de organismos unicelulares a organismos pluricelulares (*pluricelularidad*) ha ocurrido de manera estable e independiente en numerosas ocasiones y grupos biológicos: animales, hongos, algas verdes, algas rojas y algas pardas.

- Uno de los resultados más sorprendentes ha sido comprobar que las setas son evolutivamente parientes más cercanos a los animales que a las plantas.

- La conquista de la Tierra por las plantas se inició con los embriófitos, que surgieron a partir de formas similares a los actuales musgos hace unos 500 millones de años. Después, las plantas evolucionaron hacia estructuras rígidas cada vez más complejas que

Representación del árbol de la vida en el que se muestran las ramas principales según su importancia en diversidad morfológica y en número aproximado de especies aceptadas (en miles, m, o millones, M). El círculo basal denominado LUCA representa al antepasado que dio origen a bacterias, arqueas y eucariotas (nombres dentro de rectángulos). El nombre protista aparece dos veces y en cursiva porque no es un grupo evolutivo y porque supone un mínimo de dos ramas independientes.

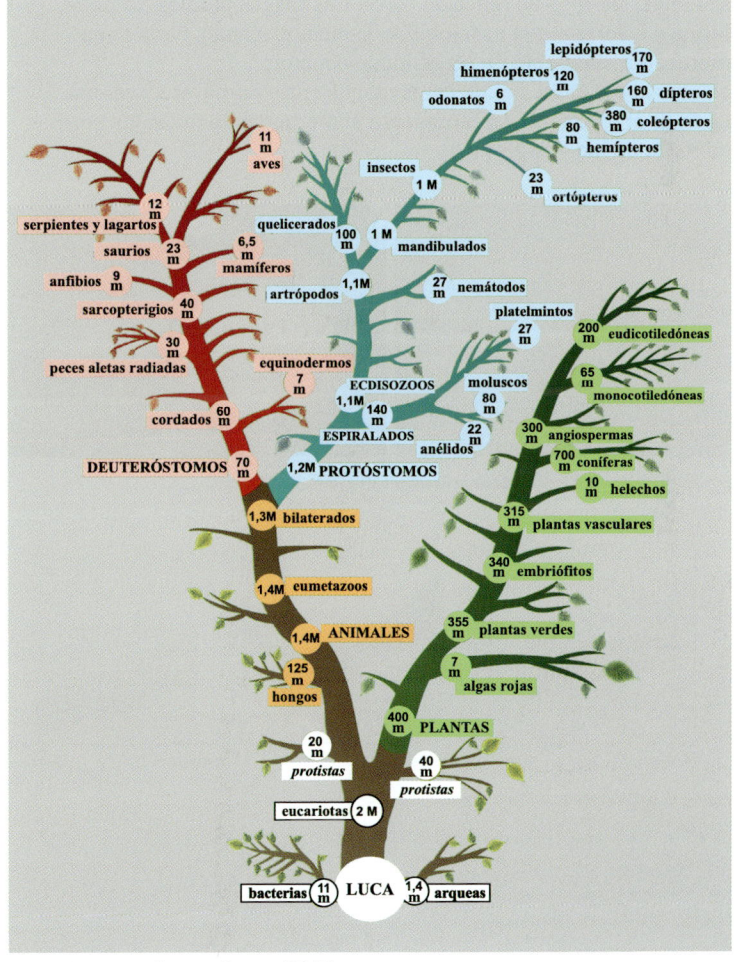

FUENTE: ADAPTADO DE VARGAS Y ZARDOYA (2012).

Plasticidad fenotípica del collejón (*Moricandia arvensis*) (A). Cada individuo de esta especie produce dos flores radicalmente diferentes dependiendo de las condiciones ambientales. Las dos flores pertenecen a una misma planta fotografiada en Granada.
Polimorfismo floral en el dondiego de día (*Ipomoea purpurea*) (B). A diferencia de la plasticidad fenotípica, en este caso los dos morfos no son producidos por el mismo genotipo. En la fotografía se muestra una población con individuos de flores blancas y otros de flores azuladas. Normas de reacción (C) de tres rasgos florales (tamaño, forma y color) para el collejón (*Moricandia arvensis*). Cada línea representa el cambio de un genotipo concreto
en el valor de cada uno de estos rasgos entre primavera y verano.
La línea en trazo grueso representa el promedio de todas las normas de reacción individuales (C).

FUENTE: (A) CEDIDA POR JOSÉ M. GÓMEZ Y FRANCISCO PERFECTTI. (B) WIKIPEDIA.

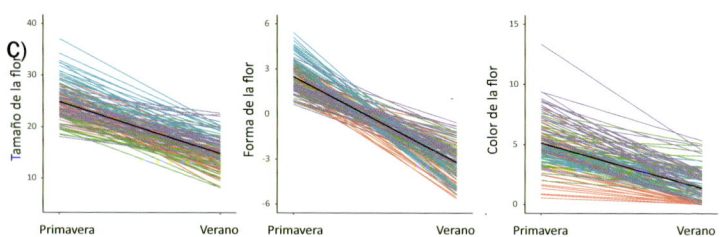

FUENTE: ELABORADO POR JOSÉ MARÍA GÓMEZ.

La línea de Wallace se describió en el siglo XIX según la distribución
de las especies de aves, y más tarde se corroboró esta línea, junto
a otras líneas secundarias, de aislamiento geográfico por medio
de estudios biogeográficos.

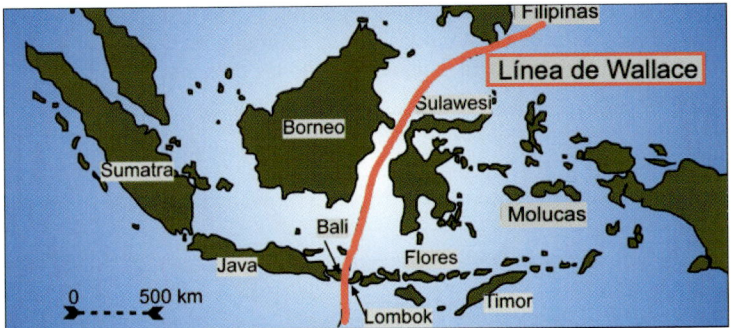

FUENTE: ADAPTADO DE WIKIPEDIA.

Única figura que se publicó en el libro El origen de las especies.
Se trata de una idealización de evolución divergente, estasis
evolutiva y extinciones que aparece en el capítulo IV ('Natural
Selection') y refleja las relaciones de parentesco entre antepasados
y descendientes según el paso de miles de generaciones
(líneas discontinuas seguidas de I, II, III, etc.). Nótese que solo los
descendientes de A, F e I sobreviven. En palabras de Darwin, dichos
antepasados pudieran ser géneros que habrían diversificado en
distintas especies.

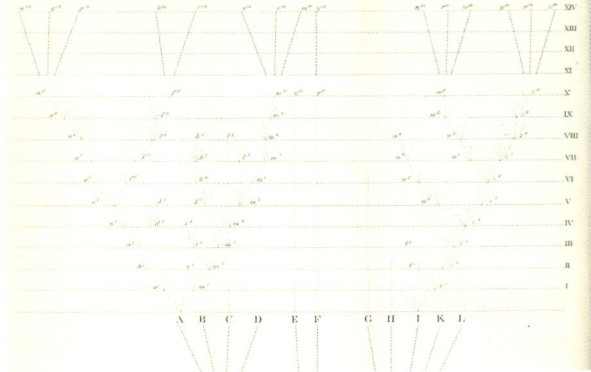

FUENTE: EL ORIGEN DE LAS ESPECIES, CHARLES DARWIN (1859).

IMAGEN 5

Las cinco extinciones masivas registradas en la Tierra suponen
la finalización de cinco periodos geológicos: Ordovícico, Devónico,
Pérmico, Triásico y Cretácico (A). Los trilobites (B) fueron unos
artrópodos marinos que se extinguieron definitivamente a finales
del Pérmico (hace unos 252 millones de años). Los ammonites (C)
eran unos moluscos cefalópodos que se extinguieron definitivamente
a finales del Cretácico (hace unos 66 millones de años).

FUENTE: (A) ADAPTADA DE WIKIPEDIA. (B Y C) CEDIDAS POR P. VARGAS.

Imagen 6

Las rapaces nocturnas como el búho campestre (*Asio flammeus*) (A) forman un grupo evolutivo, pero no las rapaces diurnas. A pesar de las apariencias, la cacatúa de moño amarillo (*Cacatua galerita*) (B) es un pariente más próximo al grupo de los halcones, como el halcón peregrino (*Falco peregrinus*) (C), que al grupo de las águilas, como el ratonero de las islas Galápagos (*Buteo galapagoensis*) (D).

A) B) C) D)

Fuente: (A, B y D) Cedidas por Pablo Vargas. (C) Wikipedia.

IMAGEN 7

Árbol filogenético de los mamíferos. La conquista del mar a partir de antepasados terrestres ha sido exitosa gracias a características convergentes, como las aletas y colas que facilitan la natación. Se representan tres linajes de evolución convergente con un dibujo de una cola (en azul) después de cetáceos, sirénidos y carnívoros. Entre paréntesis se indica el origen temporal de cada linaje en millones de años (Ma).

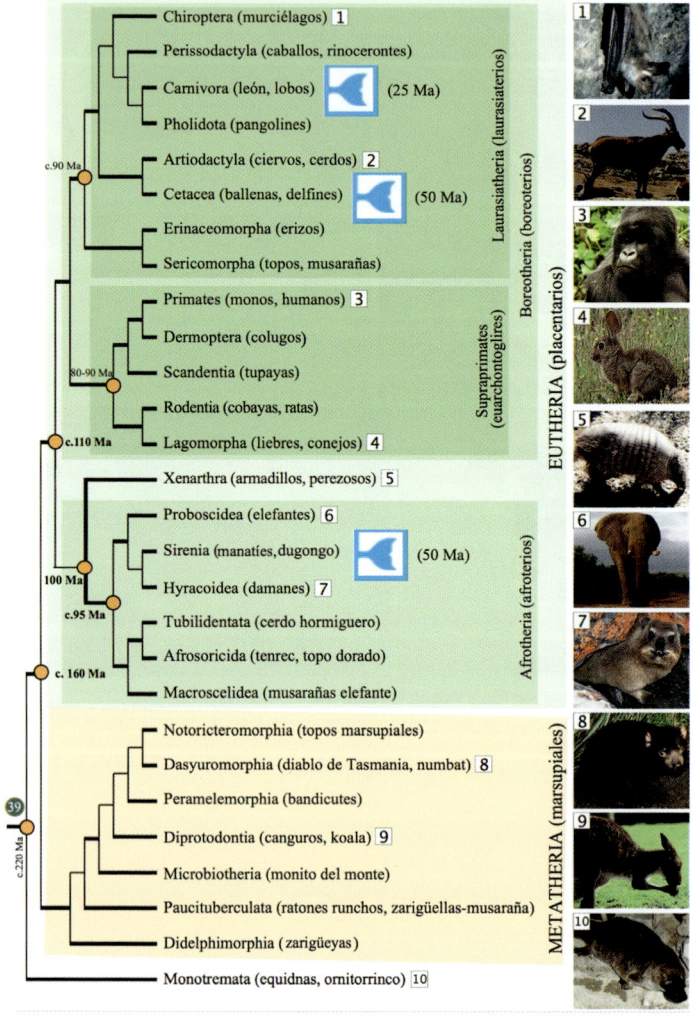

FUENTE: ADAPTADO DE VARGAS Y ZARDOYA (2012).

Diversidad floral de clavelinas (*Dianthus* spp.). Este grupo de plantas supone una de las mayores radiaciones evolutivas descritas de todos los grupos de angiospermas, es decir, un gran número de especies (más de 150) en un corto periodo (2-3 millones de años), que coincide con el establecimiento del clima mediterráneo. Sorprendentemente, las especies se distribuyen principalmente por Europa, y no por regiones más conocidas por su notable biodiversidad como los trópicos o las islas. Cada línea terminal roja corresponde a cada especie euroasiática de la radiación.

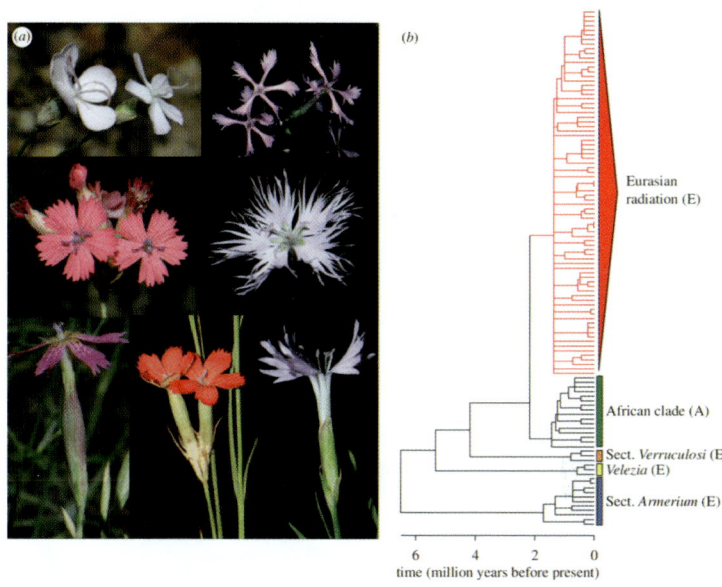

FUENTE: FIGURA CORTESÍA DE LA REVISTA *PROCEEDINGS OF THE ROYAL SOCIETY B*. FOTOGRAFÍAS CEDIDAS POR P. VARGAS.

IMAGEN 9

La designación de organismos modelo ha permitido que la comunidad científica coopere y profundice en todos sus aspectos evolutivos, especialmente aquellos relacionados con genética y desarrollo en condiciones controladas. La rata de laboratorio (A) es una de las pocas especies modelo elegidas desde el principio (siglo XIX) gracias a la selección artificial de una línea pura obtenida en Europa a partir de la rata de alcantarilla (*Rattus norvegicus*). La mosca de la fruta (*Drosophila melanogaster*) (B) es el artrópodo mejor estudiado desde principios del siglo XX. Una de las dos plantas modelo más importantes es el dragoncillo (*Antirrhinum majus*) (C), originario de zonas montañosas de los Pirineos y aledaños. La levadura del pan y la cerveza (*Saccharomyces cerevisiae*) (D) forma aglomerados rápidamente por gemación, que supone la reproducción asexual más frecuente.

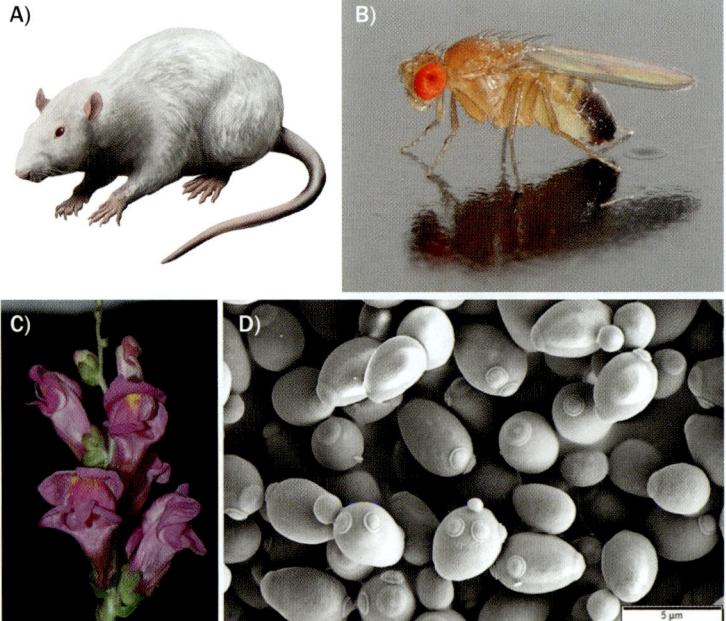

FUENTE: (A), (B) Y (D) WIKIPEDIA. (C) CEDIDA POR P. VARGAS.

les permitieron adquirir grandes portes, incluso arbóreos (traqueófitos).

- Más tarde, las plantas sustituyeron esporas por semillas, que protegían a los embriones frente a la gran sequedad del ambiente terrestre y su depredación. Una vuelta más de tuerca en esa protección del embrión fue el desarrollo de una cubierta más y el origen entonces de plantas con flores y frutos (angiospermas) hace unos 150 millones de años.

- En animales marinos, primero se adquirió el plan de desarrollo radial (medusas, corales), y a partir de un linaje de estos animales radiados surgieron una sola vez organismos con dos planos de simetría (bilaterales). Los equinodermos adultos son radiales, pero secundariamente.

- El gran grupo de los insectos procede en realidad de uno de los muchos linajes de crustáceos que conquistaron tierra firme.

- Las abejas y hormigas están dentro del grupo de las avispas, pero con ciertas especializaciones, que surgieron hace unos 120-140 millones de años, cuando los himenópteros ya tenían una gran diversidad.

- Los himenópteros, otros grupos de insectos y las aves son polinizadores excepcionales, y se interpreta que estamos contemplando un fenómeno evolutivo que se inició hace más de 100 millones de años y ha perdurado hasta nuestros días.

- Los cordados (el filo al que pertenecemos los humanos) aparecieron primero en el medio acuático, y conquistaron después el terrestre. En concreto, el linaje de los vertebrados apareció hace algo más de 500 millones de años y conquistó el medio terrestre por medio de los anfibios hace casi 400 millones de años.

- Las aves son un linaje más dentro del enorme grupo de los reptiles. En concreto, son dinosaurios vivos que sobrevivieron al impacto del meteorito de hace 65 millones de años.

- Otro linaje independiente del anterior, aunque deriva-
do también de antepasados reptilianos, son los mamíferos. Estos aparecieron casi a la vez que los primeros
dinosaurios (unos 225 millones de años), pero radia-
rían mucho más tarde tras la extinción de estos grandes saurios hace 65 millones de años.

- Las distintas ramas del árbol de la vida llevan interac-
cionando prácticamente desde su origen, y muchas
veces han evolucionado concertadamente hasta for-
marse una relación íntima e indispensable. Como consecuencia, los procesos de coevolución explican patrones fascinantes entre grupos de organismos que con
el tiempo han formado sistemas muy estables: flores-po-
linizadores, frutos-dispersores, hospedadores-parásitos,
plantas-herbívoros, entre otros.

Cómo se traducen los cambios evolutivos en la clasificación

Cualquier clasificación de los seres vivos tiene que ser congruente con las ramas que proporciona el árbol de la vida. De
otra forma estaríamos reconociendo grupos biológicos artificiales.

De todas las situaciones que nos muestran los árboles
filogenéticos, el mayor problema sucede cuando se detectan
dos (o más) orígenes diferentes para táxones que se consideraban de un solo origen (monofiléticos); es decir, dichos táxones son grupos polifiléticos porque están formados por varios
linajes independientes. Esto hay que arreglarlo en cualquier
clasificación evolutiva, por lo que surge la necesidad de proponer entonces dos (o más) táxones. Por ejemplo, antes su-
poníamos que todas las especies de algas formaban un grupo
evolutivo que ha resultado tener varios orígenes, uno (algas
verdes) dentro del reino de las plantas y otro (algas pardas)
dentro del alejado grupo de los estramenopilos (también llamados heterocontos). Por eso se eliminaron las algas pardas

(por ejemplo, las laminarias y kelpos) del reino Plantae, por muy parecidas que sean a las algas verdes. Lo más despistante en clasificaciones anteriores fue la presencia de clorofila y sus formas laminadas en ambos tipos de algas marinas. Algo similar ocurrió con el antiguo grupo de las aves rapaces, nombre común que en realidad refleja un paralelismo evolutivo de ciertos rasgos (pico ganchudo de despiece, fuertes garras) debido a sus hábitos depredadores y carroñeros. Las filogenias han demostrado que las rapaces configuran tres grupos no directamente relacionados entre sí, que se pueden etiquetar como rapaces nocturnas (Stringiformes), águilas (Accipitriformes) y halcones (Falconiformes). En realidad, son grupos de evolución convergente (véase capítulo 7), porque se ha documentado que entre estos tres grupos se ubican otros grupos diferentes de aves sin estas características propias de la depredación. Por ejemplo, los parientes más cercanos del grupo de los halcones no son las águilas, sino el grupo de los gorriones, los canarios y las urracas (Passeriformes), junto al grupo de los loros, las cotorras y las cacatúas (Psittaciformes) (imagen 8). En resumen, las aves rapaces, tal y como se clasificaban hasta hace poco, no reflejan un grupo evolutivo.

¿Cuándo se deben hacer cambios de nombres científicos?

En las reclasificaciones actuales, sobre la base de evidencia evolutiva, la comunidad científica no acepta múltiples orígenes para un solo taxon, simplemente porque es una opción artificial. Sin embargo, hay otras situaciones que no son tan claras, pero hay que tomar una decisión. Una posibilidad es incluir unos subgrupos dentro de otros (solución agrupadora). La otra posibilidad es dar nombre a cada uno de esos subgrupos más pequeños (solución divisora). Y estos cambios hay que realizarlos con sumo cuidado, intentando conservar las clasificaciones previas lo más posible para minimizar la creación de nuevos nombres. Hay una reflexión que los biólogos tenemos que considerar seriamente. Cuantos menos nombres nuevos se generen como resultado de los árboles filogenéticos, menor confusión habrá entre los científicos y dentro de la sociedad. En definitiva, se ha adoptado un acuerdo internacional de aceptar nuevos táxones, y por ende nuevos nombres, pero solo cuando sea estrictamente necesario. En estos momentos estamos intentando hacer compatibles las ramas del árbol de la vida (primarias, secundarias, terciarias, etc.) con los táxones previos basados en la clasificación linneana (dominios, reinos, filos o clases, órdenes, familias, géneros, especies). Sin embargo, como el árbol de la vida tiene tantísimas ramificaciones, siempre hay muchas más ramas que nombres disponibles en la jerarquía taxonómica, aun teniendo en cuenta táxones intermedios (subclases y subfilos, subórdenes, subfamilias, tribus, subgéneros).

Cuando se descubren múltiples orígenes de un grupo biológico a nivel jerárquico de género, el impacto de estos cambios es mayor debido a la denominación científica adoptada para cualquier especie, que siempre está formada por un binomen (nombre genérico + epíteto específico) (véase capítulo 5). Por ejemplo, en el género *Mus* antiguamente se incluían el lirón careto europeo (*Mus quercinus*) y el ratón doméstico (*Mus musculus*). Aunque ya se empezó a considerar que pertenecían a géneros diferentes sobre la base de caracteres morfológicos, las nuevas filogenias basadas en secuencias de ADN han servido para reclasificar 40 especies de ratones en el género *Mus* y tres especies de lirones caretos en el género *Eliomys*. Tanto es así que la reclasificación no solo ubica a los dos grupos en familias diferentes (Muridae y Gliridae, respectivamente), sino también en subórdenes diferentes. No en vano sus linajes se separaron hace unos 30 millones de años. Y, por supuesto, se ha tenido en cuenta el código de nomenclatura zoológica para esta reclasificación, con el género *Mus* reservado a las especies del grupo donde está la especie tipo (*Mus musculus*).

Ahora explicamos un caso de reclasificación más complejo. La división del antiguo género *Lacerta* en otros géneros de lagartos tiene sentido, al menos en parte. Algunos de ellos, como el género *Iberolacerta*, se han propuesto para reflejar un origen evolutivo independiente al de *Lacerta*. Sin embargo, los análisis filogenéticos más recientes indican que el género *Timon* es el grupo hermano de *Lacerta*, es decir, han compartido un antepasado común más reciente. Para crear menos nombres, pero mantener el criterio evolutivo de un solo origen, deberían incluirse todas las especies del propuesto género *Timon* en el género *Lacerta*. Esto apoyaría la clasificación que se propuso a finales del siglo XX.

Uno de los cambios que más ha sorprendido a los botánicos es la transferencia de unos 70 géneros de plantas con flores desde la antigua familia Escrofulariáceas al actual grupo evolutivo de la familia Plantagináceas. La interpretación evolutiva más plausible es que los antepasados de los llantenes (unas 200 especies de *Plantago*) perdieron muchos de sus caracteres florales y adquirieron otros más simples que favorecieron la dispersión del polen por el viento (*anemofilia*). Este ejemplo nos permite advertir que la pérdida de caracteres ha sido relativamente más frecuente que la adquisición de caracteres en la rama de las plantas. De hecho, el número de transiciones de *entomofilia* a anemofilia se ha calculado en más de 65 veces para angiospermas, mientras que hay muy pocas transiciones en dirección contraria. Otro ejemplo donde también se ha realizado la transferencia de especies a distintas familias taxonómicas lo encontramos en muchas plantas acuáticas, que muestran un patrón de pérdida de estructuras de sostén y estomas funcionales.

Precisamente, la pérdida de caracteres a lo largo de la evolución también ha confundido a los biólogos cuando proponían una clasificación evolutiva. Este patrón evolutivo de pérdida rápida de caracteres está relacionado con el profundo cambio de forma de vida en ciertas ramas del árbol de la vida. Un ejemplo muy claro lo observamos en plantas parásitas, que han reducido órganos y perdido clorofila, y en animales parásitos, que desarrollan un aparato digestivo sumamente simplificado. Asimismo, la pérdida de la visión es muy frecuente en animales subterráneos. A pesar de la falta de caracteres, muchos de estos grupos han tenido que reubicarse en las distintas clasificaciones.

Lo que queda por descubrir

Estamos inmersos en la obtención de millones de datos genómicos y desarrollando una computación filogenética muy compleja. Los resultados están siendo muy sólidos y se avanza muy rápidamente resolviendo todas las ramas del árbol de la vida. No obstante, aún estamos lejos de conocer en detalle el origen y primeros pasos en la evolución de la células procariotas y eucariotas debido a las grandes extinciones desde el origen de la vida y la dificultad de encontrar regiones de ADN comparables entre dichos grupos biológicos más allá de los genes ribosómicos.

También quedan por descubrirse muchas relaciones de parentesco en el mundo procariota. Las bacterias y arqueas presentan cuatro problemas de difícil solución: la enorme diversidad desde el origen de la vida, una mayor dificultad de investigación por ser organismos microscópicos, un genoma pequeño que proporciona insuficientes datos genéticos y genómicos (pocos millones de pares de bases en células procariotas frente a 10-100 veces más en eucariotas) y una tasa de mutación mayor que en otros seres vivos. También el estudio de los eucariotas unicelulares presenta cuatro problemas principales: origen muy antiguo (unos 2000 millones de años), que ha permitido acumular mucha diversidad; ausencia de fósiles, por ser blandos; frecuentes descubrimientos para la ciencia de nuevos organismos muy diferentes a los conocidos hasta ahora; y reducido número de biólogos investigándolos. Como resultado, siguen siendo esquivas muchas de las relaciones de parentesco entre muchos grupos de todos estos eucariotas microscópicos.

Resumen

La filogenia basada en secuencias de ADN está permitiendo reconstruir el patrón evolutivo de todos los seres vivos desde el origen de la vida. También la filogenia nos permite comunicarnos con un mismo lenguaje evolutivo en zoología, botánica, microbiología y paleontología, pues se utiliza la misma metodología (análisis filogenéticos) que, combinada con la adecuada denominación de cada grupo biológico (*nomenclatura biológica*), proporciona una clasificación evolutiva congruente y estable. Aunque reconstruir el árbol de la vida ha supuesto una gran revolución en la interpretación macroevolutiva de la biodiversidad, aún no hemos acabado. Sin lugar a dudas, conciliar las clasificaciones tradicionales con los resultados filogenéticos está siendo uno de los ejercicios más difíciles que en la actualidad realiza la comunidad internacional de filogenetistas. Muchos de los patrones descritos en este capítulo han confundido a clasificadores y biólogos evolutivos a lo largo de la historia debido a su compleja interpretación morfológica. Entre los patrones más complejos destacan las convergencias y las radiaciones evolutivas, tal y como veremos en el capítulo siguiente.

CAPÍTULO 7

Convergencias y radiaciones evolutivas

Aunque algunos físicos, químicos y otros científicos sostienen que la evolución biológica no es reproducible y, por tanto, no cumple con este criterio fundamental de la ciencia empírica, muchos filósofos de la ciencia y biólogos evolutivos no compartimos esa opinión. Después de tantos millones de años, la vida ha tomado diferentes caminos evolutivos desde distintos orígenes (diferentes linajes) que en muchas ocasiones convergen en fenotipos casi idénticos. Las *convergencias evolutivas* demuestran que la reproducibilidad morfológica es un patrón muy extendido en evolución. En el otro extremo, los caminos evolutivos han divergido en numerosas direcciones a partir de un mismo antepasado y en poco tiempo (*radiaciones evolutivas*). ¿Por qué encontramos ambos casos con frecuencia en el árbol de la vida aunque parezcan patrones contrapuestos? ¿Cómo se analizan actualmente estas tendencias evolutivas?

La filogenia como herramienta imprescindible

Se necesitan reconstrucciones evolutivas fidedignas para medir correctamente la magnitud de las convergencias y radiaciones evolutivas. El estudio de fósiles y análisis filogenéticos con datos del ADN son los únicos métodos en la actualidad para reconstruir la evolución a lo largo del tiempo. De hecho, la combinación de ambas fuentes de datos nos permite reconstruir filogenias datadas, es decir filogenias que proporcionan no solo tiempos de divergencia relativos (unas divergencias antes que otras), sino también absolutos (tiempos en millones de años). Las reconstrucciones filogenéticas de grupos biológicos permiten además estimar con precisión cómo y cuándo convergió un mismo carácter morfológico o bien qué linajes radiaron en formas muy dispares. En definitiva, las filogenias basadas en secuencias de ADN y calibradas con fósiles están resultando imprescindibles para conocer los ritmos de evolución.

Ritmos de evolución

El cambio evolutivo marcha, básicamente, a un ritmo más o menos uniforme en el que las especies divergen sin prisa, pero sin pausa (*gradualismo filético*). El resultado son continuas divergencias en cada generación, de manera que se pueden visualizar árboles genealógicos ramificándose continuamente a un ritmo más o menos constante. Como consecuencia de este ritmo evolutivo, las poblaciones van divergiendo de forma significativa a lo largo del tiempo formando linajes independientes (*cladogénesis*). De hecho, los frecuentes casos de especiación surgen como resultado de las divergencias asociadas a procesos de diferenciación y aislamiento. Pero este ritmo más o menos estable suele cambiar. Cuando se acelera, entonces se pueden formar muchas especies en un corto espacio de tiempo (radiaciones evolutivas). En cualquiera de los casos, al ser la extinción tan frecuente, se extinguen continuamente muchos descendientes e incluso linajes completos, de manera que suelen quedar pocos o tan solo un linaje superviviente. En este último caso, es cuando el patrón que observamos parece sugerir que una especie se ha transformado en otra (*anagénesis*).

A medida que se van descubriendo más organismos fósiles y reconstruyendo más filogenias datadas, se hace evidente que, además de una evolución gradual de fondo y las aceleraciones evolutivas, hay ritmos evolutivos muy lentos. Para explicar estos patrones, los paleontólogos propusieron la teoría del equilibrio puntuado, cuya hipótesis principal postula que el ritmo de cambio no ha sido constante a largo de la evolución, y que algunos linajes han experimentado un cambio morfológico pequeño durante la mayor parte de su existencia. Este largo periodo de bajo o nulo cambio fenotípico se denomina *estasis evolutiva*. Es verdad que las propias limitaciones del material de trabajo (fósiles), que es muy fragmentado en cuanto al registro de organismos (fosilizan escasos fragmentos y solo de ciertas características) y en cuanto a la escala temporal (algunas capas geológicas con fósiles se intercalan con otras sin fósiles) puede provocar la falsa apariencia de estabilidad a largo plazo en algunos grupos de organismos. Pero también es verdad que la estasis evolutiva se ha documentado en muchos grupos con un buen registro fósil, como braquiópodos, bivalvos, briozoos o trilobites.

Aunque es difícil encontrar evidencias irrefutables, ciertos mecanismos podrían posibilitar la presencia de evolución ralentizada e incluso estasis evolutiva. Algunos no son adaptativos, como la presencia de limitaciones asociadas a la arquitectura genética que limitarían las posibilidades del cambio fenotípico de las especies una vez formadas. Otro mecanismo no adaptativo propuesto es la acción del flujo génico, que homogeniza la variación genética de cualquier tipo y contrarresta la acción de la selección natural. La estasis ha sido explicada también mediante hipótesis adaptativas, es decir, por razones relacionadas con la acción de la selección natural. En el caso más simple, supongamos que existe un único valor adaptativo para la especie en cuestión. En este escenario, las poblaciones situadas lejos de este valor evolucionarían mediante selección direccional hacia él, rápidamente al principio, pero de forma decreciente hasta que la población se acerca a la situación óptima. Incluso con una selección débil, el cambio evolutivo suele ser demasiado rápido para quedar reflejado en el registro fósil. Una vez alcanzado el valor óptimo, la selección estabilizadora mantendría al fenotipo oscilando a su alrededor durante el tiempo que dicho óptimo permaneciese estable. Sin embargo, es improbable que las condiciones ambientales permanezcan estables durante tanto tiempo. Los valores óptimos variarían también según cambiasen los factores ambientales. En este otro escenario, la acción de selección fluctuante movería el fenotipo en diferentes direcciones rastreando el cambio recurrente de óptimos adaptativos, y la consecuencia a largo plazo sería una estasis donde el fenotipo se mantendría en equilibrio dinámico alrededor de un valor promedio.

En definitiva, los biólogos asumimos que la evolución marcha a distintas velocidades. La cuestión es cuantificar cuál de los patrones macroevolutivos (gradualismo, aceleración evolutiva o equilibrio puntuado) observados ha sido predominante y durante cuánto tiempo. En estos momentos, un buen número de paleontólogos sigue aportando pruebas sobre el equilibrio puntuado, mientras que los biólogos de especies vivas (*neontólogos*) estamos interesados en reconstruir ritmos evolutivos más o menos rápidos que estén asociados a los mecanismos y procesos que generan las convergencias y radiaciones evolutivas.

Convergencias evolutivas: aletas, alas, ojos, semillas y flores

Hasta bien entrado el siglo XVIII, la humanidad consideraba que los delfines eran peces. También Linneo clasificó a los murciélagos dentro de las aves. En ambos casos la confusión venía dada por presencia de dos caracteres morfológicos clave en la evolución de los vertebrados voladores (alas) y nadadores (aletas). Después vinieron los estudios de anatomía comparada y filogenia, que dejaron claro que la aparición de alas surgió varias veces de forma independiente, la primera vez hace más de 300 millones de años en insectos, después en ciertos saurios (pterosaurios), dinosaurios (aves) y por último en mamíferos (murciélagos). La solución evolutiva a la conquista del aire fue similar (adquisición de las alas), si bien a partir de antepasados muy diferentes. La conquista del mar por parte de los mamíferos empezó hace unos 50 millones de años mediante dos linajes independientes (cetáceos y sirénidos), mientras que el grupo de los carnívoros otras dos veces, pero mucho más tarde (unos 25 millones de años para el grupo de las focas y unos tres millones de años para el grupo de las nutrias marinas) (imagen 9). Por ello, se consideran *caracteres análogos*: misma función, pero distinto origen evolutivo. Algunos biólogos consideran que estas analogías son parte del concepto de *homoplasia*, que incluye cualquier similitud evolutiva surgida de manera recurrente a partir de distintos antepasados y linajes. Además de las convergencias, las homoplasias también incluyen las inversiones y los paralelismos.

En un planeta iluminado por el sol durante miles de millones de años, no es de extrañar que los ojos sean muy frecuentes entre los seres vivos. Desde los simples ocelos de los invertebrados hasta los más complejos ojos de los homínidos, todos ellos comparten similares funciones ante el estímulo lumínico. Los biólogos nos maravillamos cuando comparamos los ojos de los pulpos y los vertebrados, linajes que se separaron hace más de 600 millones de años, pero que han ido convergiendo en la adquisición de mejor visión. En el mundo vegetal se ha documentado la pujante aparición de la semilla en distintos linajes, desde los helechos con semillas (pteridospermas), que aparecieron hace unos 350 millones de años y se extinguieron definitivamente hace algo más de 35 millones de años, hasta las gimnospermas y angiospermas (espermatófitos), que han sobrevivido hasta nuestros días. Esto indica fuertes presiones selectivas, pues la función principal de la cubierta protectora de la semilla permitió la conquista definitiva de tierra firme. Una capa protectora más apareció hace unos 150 millones de años en el exitoso grupo de las angiospermas, cuando las flores fecundadas se transformaron en frutos que contenían semillas.

También las interacciones entre plantas y ciertos vectores de dispersión han proporcionado numerosos ejemplos de convergencias. En este caso no se trata de un carácter convergente, sino de un conjunto de ellos que favorecen una función y conforman entonces un *síndrome evolutivo*. Los casos más estudiados, con diferencia, son las flores en la dispersión de polen y polinización (*síndrome de polinización*) y los frutos en la dispersión de semillas (*síndrome de dispersión*). Las flores de distintos grupos de plantas, no muy relacionados evolutivamente entre sí, comparten síndromes de polinización que están asociados a polinización por el viento (por ejemplo, las flores de encinas y chopos), los pájaros (ciertas flores americanas que suelen visitar los colibríes) y los insectos (la mayor parte de las flores mediterráneas), entre los más conocidos. Aún a riesgo de simplificar, sabemos que las plantas con semillas y frutos secos acompañadas de estructuras similares a alas y plumas suelen ser dispersadas por el viento, mientras que las especies con frutos carnosos suelen ser dispersadas por vertebrados y las que tienen rasgos asociados a la flotabilidad suelen ser dispersadas por el agua. Llegados a este punto, hay que advertir que el pensamiento adaptacionista interpreta que las plantas siempre funcionan según su síndrome, supuesto que no es cierto. Pero sí se ha comprobado que dichos caracteres favorecen el tipo esperado de polinización y dispersión de semillas.

Tal y como estamos viendo, las convergencias van mucho más allá de coincidencias o curiosidades biológicas. Al fin y al cabo, se trata de respuestas evolutivas similares ante presiones selectivas parecidas en el transcurso de millones de años. El factor tiempo es el causante de que nos sorprendan convergencias entre grupos biológicos tan diferentes, sobre todo porque nos cuesta remontarnos a tiempos muy remotos debido a la corta escala temporal de nuestra existencia.

Convergencias y paralelismos, ¿solo cuestión de escala?

Cuando los caracteres de dos o más linajes coinciden en apariencia y función, la pregunta inmediata es cómo, por qué y cuándo empezaron a converger. Muchos autores distinguen dos tipos. Tradicionalmente, se ha denominado *paralelismo evolutivo* a la similitud fenotípica de caracteres entre grupos biológicos o linajes evolutivamente próximos (por ejemplo, especies no estrechamente emparentadas, pero dentro de un mismo género). Por el contrario, el término convergencia evolutiva (a secas) se ha reservado para definir la similitud entre grupos y linajes muy alejados evolutivamente en el tiempo (por ejemplo, especies de la misma familia u orden, pero de distintos géneros). Pero ¿cuánto tiempo de divergencia se considera? Algunos autores sugieren definir un tiempo determinado como umbral y en una filogenia datada comparar convergencias (con antepasados más antiguos) y paralelismos (con antepasados más recientes). Cuando se cuantifica la frecuencia de convergencias y paralelismos, se observa que las convergencias son más difíciles de adquirir y que los paralelismos son muy recurrentes, porque los genes implicados parecen haberse deteriorado durante un tiempo, pero se restablecen poco después. Hay que seguir atentos a nuevos descubrimientos.

En cualquier caso, los biólogos no nos conformamos con las escalas evolutivas temporales y buscamos si se pueden describir además mecanismos específicos para las convergencias y los paralelismos. El reto consiste en comprender los procesos complejos debidos a la acumulación de cambios evolutivos a través del tiempo, así como los mecanismos subyacentes. Para los más exigentes, el objetivo es distinguir el mismo tipo de mecanismo genético del desarrollo (paralelismos) para dos o más grupos biológicos frente a diferentes mecanismos (convergencias).

Radiaciones evolutivas: flores, mamíferos, islas y variación del clima

Las radiaciones evolutivas incluyen solo casos de muchas especies y linajes formados en poco tiempo. Aquí la escala temporal es aún más importante que en las convergencias, pues cuantas más especies y periodos más cortos, mejores casos de radiaciones evolutivas se describirán. A lo largo de la historia de la Tierra encontramos evidencias tanto de radiaciones antiguas como de radiaciones recientes. Como siempre en biología, los casos más recientes se documentan mejor que los antiguos, fundamentalmente por las continuas extinciones que dificultan conseguir una reconstrucción clara. Los fósiles y las filogenias son fundamentales para obtener reconstrucciones evolutivas, de manera que los biólogos hemos podido interpretar que las flores completas (que desarrollan semillas y frutos) experimentaron grandes radiaciones gracias a la diversificación concertada con sus polinizadores (moscas, abejas, mariposas, etc.) hace unos 100 millones de años. A causa del meteorito que impactó contra la tierra hace unos 65 millones de años, y a la consiguiente extinción de numerosos saurios, los mamíferos experimentaron una gran radiación tanto en tierra como en mar (cetáceos) y aire (murciélagos). Esto fue debido, probablemente, a que parte del espacio de nicho ecológico quedó vacante.

Las islas volcánicas son un laboratorio natural para estudiar las radiaciones más recientes, porque están acotadas en un espacio reducido y en un tiempo cercano. Ello permite reconstruir el origen de la llegada y establecimiento de unos ancestros que colonizaron islas remotas y, en muchos casos, radiaron en muchas especies. Por ejemplo, en las islas Canarias (21 millones de años) hay más de 200 especies de escarabajos curculiónidos que han evolucionado en los últimos cinco millones de años y 30 especies de plantas tajinastes del género *Echium* que han evolucionado en los últimos siete millones de años. A pesar de su juventud (cerca de cuatro millones de años), las islas Galápagos ofrecen algunas radiaciones muy notables, como las 11 especies de galápagos gigantes del género *Chelonoidis* aparecidos en tres millones de años[3] y 15 especies de margaritas de Darwin, también en tres millones de años. No obstante, en

---

3. Atención, que este puede ser más bien un ejemplo de taxonomía excesivamente divisora (véase capítulo 5) y no serían más que 11 subespecies…

Hawái encontramos los ejemplos más impresionantes, como las 35 especies de pájaros mieleros en cinco millones de años, las 500 especies de moscas de la fruta del género *Drosophila* en cinco millones de años y las 28 especies de plantas compuestas llamadas *silverswords* en seis millones de años.

Hay muchas más situaciones que han favorecido la formación de radiaciones evolutivas. Los cambios climáticos han sido fundamentales en este sentido. Por ejemplo, el establecimiento del clima mediterráneo —veranos de temperaturas muy altas y muy bajas precipitaciones— entre Europa y África hace unos tres millones de años supuso una reciente oportunidad para diferenciarse en distintas especies. Entre los invertebrados hay que destacar los coleópteros, con unos seis géneros de escarabajos subterráneos de la tribu Leptodirini en el Mediterráneo occidental generados en unos 13 millones de años. Los peces barbos (género *Barbus*) son vertebrados mediterráneos con unas diez especies en unos cinco millones de años. Hay muchos ejemplos de plantas, pero sin duda sorprenden los cientos de clavelinas (género *Dianthus*)[4] que suponen una de las mayores radiaciones del mundo (imagen 10). Otras radiaciones asociadas al establecimiento del clima mediterráneo han sido inferidas para las jaras (20 especies del género *Cistus* en unos cuatro millones de años), las jarillas (unas 100 especies de *Helianthemum* en unos ocho millones de años), las linarias (unas 20 especies de *Linaria* en unos dos millones de años) y los alhelíes (unas 25 especies de *Erysimum* ibéricos en unos tres millones de años).

No todas las radiaciones son adaptativas

Clasificar radiaciones en adaptativas o no adaptativas es muy complejo, pues en la mayor parte de los casos se pueden

---

4. Esta enorme radiación se ha documentado considerando tanto una taxonomía divisora (unas 300 especies) como agrupadora (unas 100 especies).

producir ambos procesos de aislamiento espacial (geográficos) y ambiental (ecológicos). Si revisamos la bibliografía, observaremos que el aislamiento espacial es el más común en cualquier grupo biológico del árbol de la vida, porque separa a las poblaciones físicamente de manera eficaz. En contraste, la radiación adaptativa no conllevaría aislamiento físico, pero sí ecológico debido al éxito de las nuevas especies en nuevos hábitats. Una radiación adaptativa se define como la aparición de numerosas especies en un corto periodo de tiempo a partir de un único antepasado común (radiación) que se han adaptado a diferentes hábitats o tipos de recurso (adaptación). El objetivo de los biólogos es cuantificar la contribución neta de cada uno de los factores responsables de la diferenciación de las especies para considerarlas adaptativas.

Pero ¿cuáles son las premisas necesarias para considerar cualquier radiación como adaptativa? Algunos biólogos consideran cuatro: (1) origen de todas las especies de un grupo biológico a partir de un antepasado común más reciente (grupo evolutivo o monofilético); (2) proliferación de muchas especies en poco tiempo; (3) diferenciación de las especies en diferentes hábitats; y (4) adquisición de al menos un carácter útil en cada especie que aumente su eficacia biológica en cada hábitat. Las condiciones 1 y 2 se comprueban mediante taxonomía y análisis filogenéticos con secuencias de ADN que permitan estimar un origen único y tiempos de divergencia entre linajes. El punto 3 se constata cuando las especies viven en distintos hábitats, si bien se debe excluir cualquier efecto geográfico que proporcione diferenciación de tipo espacial. Sin duda, el punto 4 es el más complejo de comprobar y precisa de estudios de selección natural para saber si cada valor del carácter confiere ventaja a su portador en el hábitat en el que se expresa, y de manipulación de caracteres en condiciones de cría (o cultivo) y translocaciones recíprocas de individuos en el campo para evaluar el papel de la selección experimentalmente. Sin embargo, algunos autores no consideran el cuarto punto necesario en el reconocimiento de radiaciones adaptativas porque es demasiado restrictivo y muy difícil de demostrar. De hecho, cuantas más especies contenga una radiación, mayor trabajo experimental hay que realizar controlando las condiciones de cría y cultivo, además de un mayor número de translocaciones de individuos en el campo.

Un buen número de libros de texto presentan algunos ejemplos de radiaciones adaptativas, aunque muchas veces sin comprobar ni siquiera el punto 3 y mucho menos el 4. Este es el caso de las 18 especies de pinzones de las islas Galápagos formados en cuatro millones de años. A pesar de su popularidad, no constituyen tan buen ejemplo, porque no se ha comprobado un único origen filogenético para cada una de las especies, algunas especies están aisladas geográficamente en solo una isla, no hay claras diferencias ecológicas entre varias especies y los hábitats de las islas Galápagos no están bien definidos para asociarlos con las especies. Mucho más claro es el ejemplo de los peces cíclidos de los grandes lagos de África oriental, que diversificaron en unas 2000 especies actuales en los últimos diez millones de años, principalmente por los distintos tipos de alimento y aparatos masticadores asociados. También es muy convincente el ejemplo de un subgrupo de unas 80 especies de moscas de la fruta (*Drosophila* spp.), que se diversificaron en los últimos cinco millones de años especializándose en su alimentación a ciertas partes de plantas hawaianas (por ejemplo, hojas, tallos o frutos en estado de descomposición del mismo tipo de planta). Más cercano a nosotros es el ejemplo de las 20 jaras (*Cistus* spp.) del mediterráneo, que han especiado durante los últimos cuatro millones de años adaptándose a distintos ambientes mediante la modificación de la forma de sus hojas, producción de resinas y otros caracteres clave que les permiten enfrentarse a los rigores del verano, incluyendo la eficaz germinación de sus semillas tras el fuego.

Las bases genéticas de las radiaciones y convergencias

Aún no se han encontrado las bases moleculares que expliquen qué tipo de genes y qué regiones del genoma han sido favorecidos por la selección natural en la evolución de radiaciones y convergencias. Esto parece indicar que hay una gran variedad de mecanismos genéticos que proporcionan cambios fenotípicos con posibilidad de ser exitosos. Se han identificado una serie de factores genéticos que favorecen la formación de radiaciones: arquitectura genética más bien simple (pocos *loci* de gran efecto), mutaciones en genes clave que se traducen en el desarrollo de numerosos fenotipos, hibridación y consiguiente adquisición de genes favorables propios de las especies progenitoras, estructura genética de las poblaciones con aislamientos reproductivos favorables y cambios epigenéticos[5] que persisten en las poblaciones y así ganan tiempo en la diferenciación de un carácter.

No obstante, aunque se estudie un carácter específico, el enfoque debe ser más integrador y analizar los cambios en todo el genoma. En la actualidad, se están analizando genomas completos de especies con distinto grado de parentesco para desenmascarar cuáles son las bases y los mecanismos moleculares específicos de las convergencias y radiaciones adaptativas. El trabajo es arduo, porque hay que distinguir entre los cambios moleculares idénticos (por ejemplo, el mismo cambio de nucleótido) o parciales (por ejemplo, diferentes mutaciones en el mismo gen), así como las interacciones funcionales de los productos génicos y entre los propios genes. Además, es necesario cartografiar estos cambios en distintos niveles de organización del sistema genético, desde el nivel de nucleótido, pasando por genes individuales, hasta rutas metabólicas o redes reguladoras.

Todo ello no solo se comprueba identificando diferencias en la secuencia o estructura genómica. También es fundamental analizar la expresión génica diferencial y su impacto en el desarrollo de fenotipos específicos. Es esta expresión la que, en última instancia, determina el resultado fenotípico

---

5. Recordemos que los cambios epigenéticos se producen por metilaciones más o menos temporales en la cromatina o el ADN, pero sin modificación de su secuencia de bases nitrogenadas.

observado. Para el correcto desarrollo de cualquier característica morfológica se precisa la expresión tanto de genes estructurales como de genes acompañantes. Si la batería de genes no funciona correctamente, no aparecerá dicho rasgo, si bien la constitución genética puede mantenerse en el genoma durante mucho tiempo. Es decir, los genes apagados (deteriorados o inactivados) se pueden mantener así durante muchos millones de años y en algún momento evolutivo se pueden volver a encender. Por ello, hay familias de genes presentes en el genoma de muchos organismos que no se expresan porque se han inactivado —normalmente por mutaciones a nivel de reguladores, precursores o genes mismos—. Esto se interpreta porque los genes de caracteres morfológicos que fueron exitosos bajo un conjunto de condiciones ambientales pasadas se reconstituyen y expresan nuevamente al adquirir dicha función más tarde bajo un conjunto de condiciones ambientales similares. Cuanto menos tiempo transcurra, más fácil será que se recupere la función de esos genes inactivados. Toda esta interpretación que hacemos tiene mucho sentido, ya que adquirir toda una nueva batería de genes estructurales y acompañantes que permitan formar un determinado carácter (y que además pueda ser adaptativo) es enormemente difícil. No obstante, se ha observado que la innovación de caracteres también ha ocurrido con cierta frecuencia. Solo es cuestión de tiempo. Incluso se ha documentado en numerosas ocasiones la adquisición de innovaciones relativamente rápidas por duplicación de un gen ancestral que alcanza por evolución dos funciones diferentes. Volviendo al ejemplo de la evolución del ojo, los genetistas han comprobado familias de genes de la percepción lumínica que participan en el desarrollo de *fotorreceptores* —incluso genes concretos como el *Pax6*—, que comparten distintos animales y expresan en forma de ocelos, ojos simples y ojos compuestos. Un resultado parecido de conservación de familias génicas se ha encontrado en el análisis genético de más de 30 familias taxonómicas de plantas con flor que adquirieron el metabolismo ácido de las crasuláceas (también llamado *CAM, crassulacean acid metabolism*); es decir, un metabolismo fotosintético en plantas donde están separados en el tiempo (día/noche) la fijación del dióxido de carbono (CO_2) y la fotosíntesis, y así maximizar la eficiencia en el uso del agua.

Sin embargo, los autores más restrictivos conceptualmente consideran convergencias en sentido estricto solo cuando la misma batería de genes que se expresan para cualquier carácter de estudio se ha adquirido en distintos linajes. Es decir, los casos de convergencia evolutiva en sentido estricto serían aquellos que han adquirido estos genes como innovaciones totalmente independientes. Pocos autores aceptan un concepto tan restrictivo.

Resumen

Los numerosos ejemplos de convergencias y paralelismos evolutivos en plantas y animales atestiguan que la evolución se repite una y otra vez debido a similares presiones selectivas, incluso a partir de antepasados muy diferentes. Y todo ello a pesar de las tendencias contrapuestas. Por una parte, hay diversificación continua, generación tras generación que produce numerosas divergencias morfológicas. Por otra parte, hay convergencias y paralelismos que confluyen en similares caracteres clave cada cierto tiempo. En el siguiente capítulo hablaremos de una radiación evolutiva que nos incumbe, ¿o se explica mejor como un artefacto en la clasificación de los humanos?

CAPÍTULO 8

Evolución humana

Hay distintas dificultades que limitan nuestra capacidad para alcanzar un conocimiento profundo de la evolución humana. Por una parte, no se puede experimentar exhaustivamente con humanos (¡afortunadamente!), por lo que muchos de los resultados son circunstanciales y científicamente inconclusos. Por otra parte, como en otros muchos grupos biológicos, hay grandes dificultades en conciliar los resultados científicos con una clasificación evolutiva. Y por si todo esto fuera poco, un problema añadido ha sido el sesgo y la subjetividad de la persona que investiga, que está de alguna manera implicada en los resultados. En este capítulo no pretendemos sintetizar todos los resultados evolutivos sobre humanos, sino considerar su evolución dentro del árbol de la vida.

Los humanos entre animales

Aunque a algunos les cueste, los humanos somos parte de la fauna de cualquier región. Ya se superó hace tiempo la consideración de algunas subespecies de *H. sapiens* separados geográficamente (*europaeus*, *asiaticus*, *afer*). También las interpretaciones más racistas, no tanto por considerar razas humanas equivalentes a las de animales domesticados, sino porque algunos consideraron a los nativos de África, Asia y América incluso como especies diferentes a *H. sapiens*. Seguimos padeciendo altos niveles de racismo a pesar de resultados científicos aplastantes, además de argumentos sociales incontestables. Muchos se siguen fijando en rasgos evolutivamente menores como son el color de la piel, del cabello y los ojos (implicados solo unos pocos genes relacionados con la melanina) y se olvidan de que la gran mayoría de la diversidad genética de *H. sapiens* sigue estando en África. A pesar de las aparentes diferencias, no conocemos ningún científico actual que no considere una sola especie, sin divisiones, para los más de 8000 millones de humanos que poblamos hoy día en el planeta Tierra.

¿Cuántas especies de Homo consideran los expertos?

Pues solo una viva (*H. sapiens*). Hoy día hay consenso en considerar *humano* a cualquier especie del género *Homo*, y humano moderno solo a *H. sapiens*. Pero no hay tanto consenso en considerar un número determinado de especies que han existido dentro del género *Homo* (véase tabla 1). Algunos taxónomos divisores (*splitters*) aplican un enfoque separador y consideran unas 20 especies, mientras que otros agrupadores (*lumpers*) aplican un enfoque aglutinador y reconocen tan solo seis. ¿A qué se debe tanta diferencia? Son muchos los factores que influyen; entre ellos, destacamos los siguientes:

- El registro fósil es muy incompleto, por lo que faltan series paleontológicas más o menos completas que permitan reconstrucciones de confianza.
- Cuando hay suerte y se encuentran fósiles, no se consiguen esqueletos completos, y muchas veces las especies están descritas sobre la base de unos pocos huesos.
- Los nuevos huesos que se descubren todos los años obligan a reclasificar.

- Solo se ha podido secuenciar el ADN de las especies más recientes (*H. sapiens*, *H. neanderthalensis*, *H. longi* y denisovanos).
- Se emplea principalmente el concepto morfológico (tipológico) de especie (véase capítulo 5).

Un problema añadido es que los caracteres morfológicos suelen evolucionar dentro de un mismo linaje a lo largo del tiempo, por lo que muchos antropólogos clasifican las poblaciones tempranas y tardías como distintas especies. Por todo ello, la clasificación de *Homo* está en constante revisión y, mientras se va resolviendo, la mayoría de los paleoantropólogos adopta un criterio intermedio (tabla 1).

TABLA 1
Tratamiento taxonómico de las especies de *Homo* bajo tres criterios: agrupador, intermedio y divisor. El orden del listado de especies elegido se basa en su aparición cronológica de la última columna y el periodo se proporciona en millones de años. Obsérvese que las tres primeras columnas son independientes y no muestran correspondencia entre distintas especies, pero sí con el momento de aparición.

CRITERIO AGRUPADOR (*lumper*)	CRITERIO INTERMEDIO	CRITERIO DIVISOR (*splitter*)	ANTIGÜEDAD (millones de años)
—	*H. rudolfensis*	*H. rudolfensis*	2,50-1,90
H. habilis	*H. habilis*	*H. habilis*	2,50-1,40
—	—	*H. gautengensis*	2,00-0,80
—	*H. ergaster*	*H. ergaster*	1,90-1,40
—	—	*H. georgicus*	1,80
H. erectus	*H. erectus*	*H. erectus*	1,80-0,11
—	*H. antecessor*	*H. antecessor*	1,20-0,80
—	—	*H. cepranensis*	0,90
H. heidelbergensis	*H. heidelbergensis*	*H. heidelbergensis*	0,70-0,20
—	—	*H. bodoensis*	0,50-0,20
H. neanderthalensis	*H. neanderthalensis*	*H. neanderthalensis*	0,40-0,04
—	—	*H. tsaichangensis*	0,35

CRITERIO AGRUPADOR (lumper)	CRITERIO INTERMEDIO	CRITERIO DIVISOR (splitter)	ANTIGÜEDAD (millones de años)
–	–	H. rhodesiensis	0,30-0,12
H. sapiens	H. sapiens	H. sapiens	0,30-presente
–	H. naledi	H. naledi	0,30-0,24
–	–	H. helmei	0,26-0,10
–	–	H. daliniensis	0,25
–	–	H. juluensis	0,20-0,16
–	–	denisovano*	0,20-0,03
–	–	H. longi	0,15
–	H. floresiensis	H. floresiensis	0,10-0,05
–	H. luzonensis	H. luzonensis	0,07-0,05

* ESTE TAXON NO HA SIDO DESCRITO OFICIALMENTE; VARIOS AUTORES CONSIDERAN QUE SUS POBLACIONES ESTARÍAN CIRCUNSCRITAS DENTRO DE *H. LONGI*.

En este sentido, algunos autores tendrían que revisar sus criterios para aceptar un número tan elevado de especies de *Homo*, pues tienen que ser comparables a los usados para todos los géneros y especies de la categoría taxonómica inmediatamente superior (familia). En el presente, la familia Hominidae comprende una especie de humano (género *Homo*), tres de orangutanes (género *Pongo*), dos de gorilas (género *Gorilla*) y dos de chimpancés (género *Pan*). Además, habría que incluir las especies fósiles de homínidos manteniendo el mismo criterio, porque, de no ser así, se estará dando más importancia (mayor número de especies) a *Homo* que al resto de los homínidos sencillamente porque están más próximos evolutivamente a nosotros.

Si somos excesivamente divisores, reconoceremos unas 13 especies de humanos en el último millón de años y solo cuatro especies durante el millón de años anterior. Desde el punto de vista evolutivo, esto sugiere que ha habido una reciente radiación evolutiva en el género *Homo*. Por el contrario, si somos excesivamente agrupadores, entonces no postularíamos esa radiación evolutiva, pues se consideraría un número similar de especies existentes en el último millón de años (*H. sapiens*, *H. neanderthalensis* y *H. heidelbergensis*) y en el millón de años anterior (*H. erectus*, *H. habilis*).

Características clave de la hominización

La hominización se define como el proceso evolutivo por el cual un linaje de primates se transforma hasta llegar a los humanos modernos. Este proceso se ha simplificado históricamente de manera que se ilustra como una trayectoria lineal de eventos evolutivos encadenados (figura 3).

Figura 3
La hominización frecuentemente se ilustra por una cadena de acontecimientos claramente en una sola dirección. Esta representación es incorrecta porque la evolución no es lineal ni necesariamente progresiva, y sí profundamente ramificada.

Fuente: Wikipedia.

Sin embargo, la evolución ya no se interpreta de forma lineal, porque en realidad se producen constantes ramificaciones acumuladas en sucesivas generaciones, de manera que es más apropiada una visualización en forma de árboles filogenéticos. E incluso se deben considerar redes evolutivas si se produjeron hibridaciones de tipo introgresivo hacia *H. sapiens*[6]. Aquí hay que sacudirse de encima cualquier antropocentrismo (más concretamente *sapienscentrismo*) y considerar qué evidencias indican una adquisición de características clave presentes en otras especies anteriores ya extintas. Entre las características clave de la hominización destacamos:

---

6. Estudios recientes han calculado que aproximadamente del 1 al 2% de los genes de los *H. sapiens* europeos proceden de *H. neanderthalensis*.

- Bipedalismo: característica fundamental que dio origen a ulteriores cambios evolutivos al liberar las extremidades superiores, sobre todo las manos. Hace tiempo que se sabe que apareció antes de *Homo*, en *Australopithecus* (hace más de cuatro millones de años).
- Incremento de la capacidad craneal: desarrollo muy rápido desde *H. rudolfensis* hasta *H. neanderthalensis*. Efectivamente, *H. sapiens* no tiene la mayor capacidad craneal.
- Neotenia: retención de rasgos juveniles hasta la edad adulta. Hay varios caracteres que los antropólogos relacionan con un patrón general de neotenia en humanos modernos: cuerpo lampiño, redondez del cráneo, tipo de dentición, plasticidad prolongada del cerebro, retraso del desarrollo neuronal.
- Caras planas: la evolución hacia caras menos proyectadas hacia adelante (*prognatismo facial*), arco supraorbital menos sobresaliente y frentes más planas son muy evidentes en *H. sapiens*. Este carácter se considera también dentro del patrón general de neotenia.
- Modificación de dientes: muchos factores, como el tipo de alimentos y su procesamiento mediante el fuego (desde al menos *H. erectus*) y herramientas (desde antes de *H. habilis*) se consideran clave en la evolución de la dentición.
- Reducción de la mandíbula y formación del mentón: además de la masticación, la forma de la mandíbula está relacionada con otras características anatómicas como el tamaño del cerebro, que han contribuido a procesos importantes como la formación del habla.
- Hueso hioides cada vez más desarrollado: este hueso fino está situado justo por debajo de la base de la lengua y por encima de la laringe, tiene forma de U y está fundamentalmente relacionado con el habla. Es muy frágil, por lo que encontrarlo completo en yacimientos humanos es tarea difícil. No obstante, se han encontrado algunos huesos hioides no solo de *H. sapiens*, sino también

de *H. neanderthalensis*. El desarrollo de una estructura anatómica como el hueso hioides está relacionado no sólo con la capacidad del habla, sino también con un importante desarrollo cognitivo en la creación del lenguaje desde hace más de 300 000 años.

- Cambio del vello corporal y sudoración: los antropólogos interpretan que los antepasados peludos de *Homo* fueron perdiendo superficie cubierta por el pelo corporal, y adquiriendo así distintas ventajas evolutivas hasta llegar a *H. sapiens*. Entre las ventajas que destacan son la menor afección por parásitos y una mayor refrigeración a través del sudor. Curiosamente, el cambio evolutivo en *H. sapiens* no supuso gran variación en el número de folículos pilosos por cm^2 en comparación con los chimpancés, pero sí su transformación a pelo más fino, corto y pálido. Esto produce una apariencia de desnudez en comparación con otros homínidos. Al mismo tiempo, la piel aumentó en el número de glándulas sudoríparas (casi diez veces más que en chimpancés). El conjunto de ambos cambios evolutivos supuso una nueva termorregulación muy eficaz en grandes esfuerzos de resistencia como la carrera en climas calurosos.

- Revolución cognitiva: aunque se ha creído durante mucho tiempo que es exclusiva de *H. sapiens*, se van acumulando evidencias de un inicio muy anterior en otras especies. Por ejemplo, las espectaculares pinturas rupestres de Altamira y Lascaux dibujadas por *H. sapiens* hace decenas de miles de años tuvieron otras manifestaciones similares, aunque no tan elaboradas, como las realizadas por *H. neanderthalensis* en Ardales (Málaga), Maltravieso (Cáceres) y Puente Viesgo (Cantabria). Ahora se está investigando a partir de qué especie humana se iniciaron estas manifestaciones, que se incluyen dentro de la revolución cognitiva: arte y expresión cultural, desarrollo del lenguaje, pensamiento abstracto y simbólico, imaginación compartida y espiritualidad, entre otras.

Todos estos cambios evolutivos que llegan a *H. sapiens* hay que considerarlos al mismo tiempo, ya que los rasgos morfológicos y los cambios cognitivos han evolucionado conjuntamente. No obstante, los caracteres típicos de la hominización parecen haber surgido en varios antepasados durante distintos momentos evolutivos, si bien el aumento de capacidad craneal ha sido incesante desde los primeros humanos. Paradójicamente, este atributo ha supuesto uno de los mayores costes evolutivos, si tenemos en cuenta el tamaño del cráneo de *H. sapiens* (y de *H. neanderthalensis*) a la hora del parto, donde la cabeza voluminosa de los recién nacidos fue comprometiendo cada vez más el buen funcionamiento del canal del parto (*dilema obstétrico*). La mortalidad materno-infantil ha sido muy alta durante el proceso de hominización, e incluso hasta hace pocas décadas en *H. sapiens* —de ahí la aplicación últimamente de numerosas cesáreas—. Este es, sin duda, uno de los mayores retos que hemos tenido que superar a lo largo de nuestra evolución, ya que probablemente ha habido una selección intensa en contra del incremento del tamaño del cráneo durante esta fase de nuestro ciclo vital. El incremento craneal tiene que haber sido favorecido por el beneficio que reporta durante otras fases de nuestro ciclo vital, cuando el aumento del cráneo ha permitido alojar un cerebro cada vez mayor y más complejo. Este beneficio habrá sido tan alto que ha anulado, incluso tiene que haber superado, la selección natural negativa sobre el tamaño del cráneo durante el parto.

Nombres científicos algo imprecisos

Es interesante señalar que los antropólogos han ido descubriendo nuevas evidencias que adelantan la aparición de muchas características clave de los humanos. Es decir, podemos observar un patrón histórico de situar con anterioridad la aparición de innovaciones evolutivas, de manera que han resultado ser anteriores a lo considerado cuando se descubrieron nuevas especies de *Homo*. Una forma muy sencilla de apreciar dicha imprecisión es simplemente analizar los nombres de ciertas especies: *sapiens*, cuando otros humanos ya eran inteligentes; *erectus*, cuando no solo otras especies de *Homo*, sino también los *Australopithecus*, caminaban erguidos; y *habilis*, cuando el uso de herramientas es anterior incluso al género *Homo*.

¿Somos más inteligentes que nuestros antepasados?

Para acotar este tema, no hablaremos de los distintos tipos de inteligencias que consideran los expertos en la actualidad (teoría de las múltiples inteligencias), porque no es posible estudiarlas a partir de huesos fósiles. Por ello, solo podemos analizar el volumen del cerebro, que se relaciona con la capacidad de resolución de problemas y creatividad a lo largo de la evolución humana. Durante el proceso de hominización hay una tendencia clara en todos los linajes de *Homo* hacia un aumento del volumen promedio craneal más frecuente, desde *H. habilis* (500-700 cm^3) y *H. rudolfensis* (550-750 cm^3), pasando por *H. georgicus* (600-730 cm^3), *H. ergaster* (800-950 cm^3), *H. erectus* (900-1110 cm^3), *H. antecessor* (1000-1150 cm^3), *H. heidelbergensis* (1100-1300 cm^3) y *H. sapiens* (1300-1400 cm^3), hasta *H. neanderthalensis* (1410-1500 cm^3). Efectivamente, *H. neanderthalensis* alcanzó el cráneo más voluminoso conocido hasta la fecha, y aun así se extinguió...

Sin embargo, el volumen del cerebro hay que relacionarlo con el volumen de todo el cuerpo en cualquier grupo de animales para conseguir así una comparación más proporcional. En concreto, el *coeficiente de encefalización* sirve para analizar comparativamente especies de mamíferos con tamaños corporales muy diferentes. Por ejemplo, el coeficiente de encefalización del gato es 1, mientras que el de la ballena azul es 0,3. Y entre homínidos, el coeficiente de encefalización es aproximadamente de 2,4 en el chimpancé, de 3,2 en *Australopithecus afarensis*, de 5,0 en *Homo habilis*, de 6,9 en *H. erectus*, de 6,0 en *H. neanderthalensis* y de 7,6 en *H. sapiens*. Ahora bien, hay que tener en cuenta que no solo habría que medir el volumen del encéfalo, sino también la estructura completa del cerebro, el tamaño del cerebelo, las características de las redes neuronales y la concentración de neuronas para poder tener una mejor aproximación de la inteligencia de un organismo. Desgraciadamente, estas características no fosilizan.

Aun quedándonos con la masa cerebral como único indicador de inteligencia, hay que tener en cuenta fluctuaciones en el volumen del cráneo a lo largo de más de 300 000 años de existencia de *H. sapiens*. Por una parte, algunos paleoantropólogos consideran que se inició una tendencia a la reducción del 5% de pérdida de masa cerebral hace unos 50 000-100 000 años. Y se habría alcanzado un punto de inflexión más recientemente con la irrupción de las nuevas tecnologías de los últimos siglos. Muchos antropólogos consideran que estamos presenciando un paso definitivo en la pérdida de la creatividad y otras habilidades. Por el contrario, la gran globalización informativa que disfrutamos (y sufrimos) nos lleva a transmitir una herencia cultural cada vez más compleja, si bien nos hace meros usuarios.

Herencia cultural y domesticación

Otra perspectiva importante en la comparación de distintos niveles de inteligencia entre especies de humanos consiste en evaluar dos tipos de herencia: genética y cultural. Es decir, la evolución en humanos no solo ha consistido en la herencia de genotipos que producen fenotipos (*herencia genética*) exitosos ante ciertas condiciones ambientales. También la transmisión de información clave (*herencia cultural*) de unos individuos a otros es considerada crítica por los sociólogos y paleoantropólogos para explicar el éxito de las comunidades humanas. Para hacernos una idea de su importancia, hay que considerar el dominio del fuego, el manejo de herramientas, la eficacia con las armas y la comunicación oral, entre otras habilidades. Esta información básica de supervivencia se transmite de generación en generación por herencia cultural en cualquier especie de *Homo*, sobresaliendo en *H. sapiens*. Y esta herencia fue influyendo a su vez en la herencia de rasgos corporales y viceversa. La complejidad que revisten las manifestaciones cognitivas en humanos alcanzó niveles máximos precisamente cuando la evolución conjunta de genes y de cultura tuvo una interdependencia fundamental.

Algunos antropólogos consideran que la revolución cognitiva se inició antes de *H. sapiens*. No obstante, el mejor ejemplo de herencia cultural en la evolución reciente de *H. sapiens*, y no antes en otras especies de *Homo*, es la domesticación de animales y plantas (*revolución agrícola*). La selección artificial de especies silvestres por los humanos modernos dio lugar a la cría de animales y cultivo de plantas silvestres, que supuso a su vez pasar de cazadores-recolectores a sedentarios. Este fue un proceso largo de selección artificial bidireccional, es decir no solo se domesticaron muchas especies silvestres, sino que también el ser humano evolucionó en consonancia (hipótesis de la autodomesticación). Las poblaciones humanas pasaron así de pequeños clanes a poblaciones grandes que construyeron los primeros pueblos y ciudades gracias a la abundancia de alimento asegurado gran parte del año. Para muchos antropólogos este es el descubrimiento más importante de la historia de la humanidad, muy por encima de tecnologías modernas. Sin duda, estamos ante un cambio evolutivo radical en las poblaciones de *H. sapiens* de hace 12 000-15 000 años —si bien, la domesticación del lobo en perro se produjo unos miles de años antes—. Otras revoluciones vinieron después, pero sin duda la domesticación exitosa de animales y plantas supuso un desarrollo de inteligencia humana colectiva que permitió los descubrimientos tecnológicos posteriores.

Además, la revolución agrícola tuvo otras consecuencias evolutivas trascendentales en *H. sapiens*. Algunos ejemplos, como la tolerancia a la leche en adultos y la resistencia a virus letales, vinculan claramente la evolución de ciertos rasgos en humanos modernos con ciertas domesticaciones exitosas. Los paleoantropólogos consideran que se produjo una adaptación humana a la tolerancia a la lactosa de la leche en adultos durante los procesos de domesticación del ganado (ovejas, cabras, vacas) porque los adultos no perdieron la enzima clave (lactasa) de su digestión. Tanto es así que las áreas geográficas donde se produjo esta domesticación (suroeste de Asia, este de Europa, este de África) aun albergan humanos adultos con gran tolerancia a la digestión de la leche, mientras que ocurre lo contrario en los humanos originarios del resto de la geografía del mundo. Otra consecuencia es el efecto silencioso de una convivencia de humanos modernos con animales domesticados y sus letales virus. Poco a poco el sistema inmune producía anticuerpos que proporcionaban defensas a los humanos frente a enfermedades producidas por los virus del perro (rabia), la gallina (gripe aviar), la vaca (viruela bovina, sarampión) y el cerdo (gripe porcina). Y sigue el proceso de inmunización, que no acaba de ser ni mucho menos completo, y si no, recordemos las gripes anuales o la última pandemia de COVID-19.

Resumen

La evolución humana es compleja debido a que varias especies de *Homo* convivieron simultáneamente e intercambiaron sus genes. El número de especies es muy variable, y en el caso de una taxonomía divisora se podría aceptar que se produjo una radiación evolutiva, que luego se redujo a una sola especie (*H. sapiens*). Durante la hominización aparecieron muchas características propias de *H. sapiens*, pero no hay que concebir el proceso como progresivo y sin ramificaciones. Discutimos por qué no creemos ser, necesariamente, más inteligentes que los humanos del pasado. Postulamos que la herencia cultural ha sido tan importante, o más, que la herencia genética, gracias a la cual llegamos al momento actual de tanto desarrollo tecnológico. Todas estas características evolutivas y consideraciones científicas se pueden analizar de forma más precisa aplicando los postulados de la nueva síntesis evolutiva extendida que veremos en el siguiente capítulo.

CAPÍTULO 9

Un nuevo marco teórico: la síntesis evolutiva extendida

La síntesis evolutiva ha sido el marco teórico que mejor ha explicado la evolución de la vida en los últimos 75 años. Durante este tiempo nuevos descubrimientos en genética de poblaciones, filogenia, ecología evolutiva, ecología del comportamiento, paleobiología y otras disciplinas afines han sido incorporadas al cuerpo doctrinal de la teoría. Aunque mantenga sus principios fundamentales, esta síntesis ha evolucionado mucho. A pesar de este desarrollo natural, los intentos por sustituir la síntesis evolutiva por otro marco teórico alternativo que explique mejor el hecho evolutivo se han sucedido casi ininterrumpidamente desde su establecimiento. En este capítulo vamos a describir una serie de propuestas que a nuestro entender han tenido más éxito, bien porque se han basado en un conjunto de principios rigurosos que hay que considerar seriamente, bien porque han atraído la atención de una comunidad numerosa de destacados biólogos evolutivos.

Principios de la síntesis evolutiva extendida

Hace algo más de dos décadas, un grupo de biólogos evolutivos llegaron a la conclusión de que la síntesis evolutiva ignora una serie de factores cruciales para entender el proceso evolutivo. Y para incorporar estos factores, propusieron una nueva teoría que denominaron síntesis evolutiva extendida. Esta teoría no fue concebida simplemente como una ampliación de la síntesis evolutiva ortodoxa, sino como un marco teórico alternativo. La síntesis evolutiva extendida se basa en una serie de postulados que vamos a describir brevemente a continuación (figura 4):

1. Sabemos que la síntesis evolutiva considera que, como la variación genética es aleatoria, no existe una relación entre la dirección en que se generan variantes fenotípicas y la dirección que conduciría a una mayor eficacia biológica. Sin embargo, la síntesis evolutiva extendida propone, por el contrario, que la variación fenotípica no es completamente aleatoria. Según sus partidarios, la variación fenotípica puede verse sesgada por algunos procesos genéticos de desarrollo que provocan que algunas formas sean más probables que otras. Entre estos procesos destacan el sesgo de desarrollo y la variación facilitada, dos procesos que hemos explicado en el capítulo 2. Los sistemas de desarrollo pueden facilitar respuestas fenotípicas bien integradas y funcionales ante mutaciones o inducciones ambientales. Estos procesos del desarrollo podrían provocar cambios evolutivos más rápidos de lo que lo harían las mutaciones completamente aleatorias, ya que podrían generar nuevos fenotipos relacionados con los anteriores, sobre los cuales podría actuar la selección natural. Esto conlleva que la evolución dirija la variabilidad fenotípica hacia dimensiones con una alta varianza en eficacia biológica, incluso cuando las mutaciones se distribuyen de forma relativamente aleatoria. Estos procesos del desarrollo son considerados por la síntesis evolutiva extendida fuentes importantes de novedad fenotípica. Además, al limitar la capacidad de exploración del espacio fenotípico por los organismos en desarrollo son también causas potenciales de evolución convergente.

2. Para la síntesis evolutiva, la selección natural es la principal influencia directriz, que por sí sola explica por qué las

características de los organismos se adaptan al ambiente. Según la síntesis evolutiva extendida, hay dos procesos que contribuyen junto con la selección natural al ajuste entre organismo y ambiente: los procesos del desarrollo, que actúan a través del sesgo del desarrollo y la construcción de nicho. El sesgo de desarrollo ya lo explicamos someramente en el capítulo 2 y en el punto 1 de este capítulo. La construcción de nicho se refiere al proceso mediante el cual los organismos, a través de su metabolismo, sus actividades y sus preferencias, modifican sus propios nichos o los de los demás. Hay varios ejemplos que ilustran la construcción de nicho: la modificación del suelo por parte de las lombrices, que mediante la ingesta y excreción de materia orgánica, así como la creación de canales y estructuras, cambian la composición química y la estructura del suelo mejorando su aireación y drenaje; el cambio en las condiciones físico-químicas y estructurales del suelo por parte de algunas plantas, que permiten el establecimiento de otras especies (*facilitación ecológica*); la capa de aire cálido y húmedo que rodea a todos los animales homeotermos, que modifican el ambiente para muchos microorganismos; las construcciones y presas fabricadas por los castores, que alteran la dinámica fluvial; y las macroestructuras producidas por el carbonato cálcico secretado por los corales, que crean nuevos hábitats, e incluso su erosión genera islas coralinas. Estos procesos no han pasado inadvertidos a los biólogos evolutivos, que los han considerado como parte del *fenotipo extendido* de los organismos. Para que la construcción de nicho afecte a la evolución como propone la síntesis evolutiva extendida, debe satisfacer tres criterios:

- Los organismos deben modificar significativamente las condiciones ambientales.
- Estas modificaciones deben influir en una o más presiones selectivas de otros organismos receptores.
- Debe haber una respuesta evolutiva en al menos una población receptora causada por la modificación ambiental.

Lo verdaderamente innovador de la idea de la construcción de nicho es que postula que estas modificaciones ambientales no son solo consecuencia de la selección que actúa sobre los organismos constructores de nicho (como sugiere la idea de fenotipo extendido). Además, se produce un bucle de retroalimentación que puede afectar a su vez a la selección que actúa sobre la modificación no del todo aleatoria de las condiciones ambientales, imponiendo un sesgo sistemático en las presiones selectivas.

3. Como dijimos en el capítulo 1, la síntesis evolutiva es una teoría externalista, es decir, la evolución ocurre porque fuerzas externas condicionan qué fenotipos y genotipos serán favorecidos en generaciones futuras, donde los organismos juegan un papel exclusivamente reactivo porque evolucionan como consecuencia de las fuerzas que actúan sobre ellos. Para la síntesis evolutiva extendida, los organismos no solo son moldeados por entornos selectivos, sino que también lo moldean (fenómeno que esta teoría denomina *causalidad recíproca*).

4. Otro elemento clave de la síntesis evolutiva extendida es una idea más amplia de la herencia. La síntesis evolutiva extendida considera que la información se transmite entre generaciones no solamente a través de modificaciones en la secuencia del ADN, sino también a través de otros tipos de mecanismos. Por ejemplo, a través de cualquier tipo de modificación alternativa en la forma en que se expresa el ADN (herencia epigenética). La información también se transmitiría a través del cambio ambiental provocado por el genotipo o el fenotipo de las generaciones precedentes (efectos parentales). Asimismo, a través de los cambios medioambientales que generaciones precedentes han provocado mediante su actividad de construcción de nichos influyendo en el desarrollo de los organismos descendientes (herencia ecológica). Por último, también a través de los comportamientos aprendidos (herencia cultural). La herencia es así definida para incluir

todos los mecanismos por los que la descendencia llega a parecerse a sus padres. Según la síntesis evolutiva extendida, los fenotipos no se heredan en sentido estricto, sino que se reconstruyen durante el desarrollo. Estos mecanismos adicionales contribuyen, por tanto, a la heredabilidad y facilitan el origen y la propagación de las novedades inducidas por el entorno. La idea básica que subyace aquí es considerar que estos medios alternativos de transmitir información explicitan el papel que los caracteres adquiridos, al contribuir a la heredabilidad, pues al sesgar las variantes fenotípicas sujetas a selección, juegan un papel importante en la evolución de los organismos.

FIGURA **4**
Diagrama de flujo que muestra la relación entre los principales mecanismos y procesos (elipses) y patrones (rectángulos) relacionados con la transmisión y componentes de la variación fenotípica, las fuerzas evolutivas que modifican estos componentes y los tipos y ritmos de evolución que surgen de la acción de estas fuerzas. En negro aparecen aquellos elementos (conceptos y relación entre ellos) incluidos en la concepción original de la síntesis evolutiva ortodoxa. En gris se muestran aquellos elementos que se reconocían en este marco conceptual, pero no eran considerados fundamentales. En blanco y líneas punteadas se representan los nuevos elementos introducidos por la síntesis evolutiva extendida.

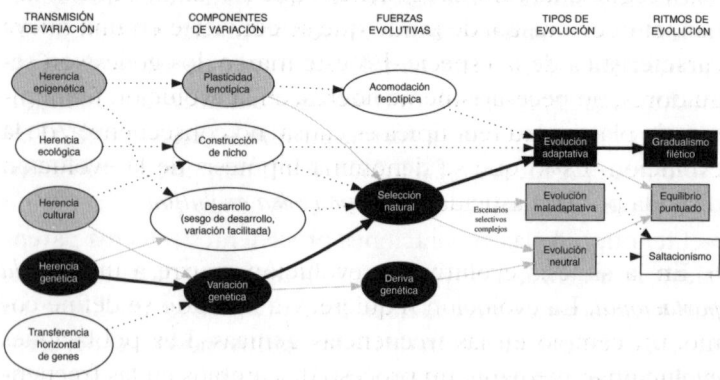

Fuente: José María Gómez.

5. Otro proceso defendido por la síntesis evolutiva extendida es la *plasticidad fenotípica*. Aunque este fenómeno ha sido estudiado desde hace casi un siglo dentro del marco de la síntesis evolutiva (véase capítulo 2), la plasticidad fenotípica siempre ha sido considerada un desafío a sus presupuestos. Por ejemplo, cuando la síntesis evolutiva estaba aún gestándose, se introdujo el concepto de *asimilación genética*, definido como aquel proceso mediante el cual un fenotipo que originalmente se expresa solo después de un estímulo ambiental queda genéticamente fijado y ya se expresa en la descendencia independientemente de la presencia de ese estímulo. Hay alguna evidencia experimental de la presencia de este proceso. Por ejemplo, los embriones de la mosca de la fruta (*Drosophila melanogaster*) expuestos a éter desarrollan un doble tórax durante el periodo adulto. Utilizando técnicas clásicas de selección artificial, las moscas con doble tórax pueden ser seleccionadas para que el rasgo se exprese sin necesidad de la exposición al éter. En este momento el rasgo ha dejado de ser plástico. Se define pues asimilación genética como la canalización de un rasgo previamente plástico. Usando como germen esta idea, se postula que la adaptación a un nuevo entorno puede ocurrir como consecuencia de una respuesta plástica que aumenta la eficacia biológica (*acomodación genética*), seguida de cambios genéticos que asimilan, y quizás afinen, el nuevo rasgo, de modo que se convierte en una nueva característica de la especie. En este marco, los genes son seguidores, no necesariamente líderes, en la evolución fenotípica, y la plasticidad fenotípica es causa, no consecuencia, de la evolución. Es lo que se denomina hipótesis de la evolución dirigida por la plasticidad (*plasticity-led evolution*).

6. En la síntesis evolutiva, la evolución ocurre a una *escala poblacional*. La evolución requiere, y a menudo se define como, un cambio en las frecuencias génicas. Las poblaciones evolucionan mediante un proceso de cambios en las frecuencias de genes provocados por la selección natural, la deriva genética, la mutación y el flujo génico. La síntesis evolutiva

extendida, con su interés en procesos como sesgo de desarrollo, variación facilitada y acomodación genética, pone el foco en los individuos y sugiere que parte del proceso evolutivo no requiere una aproximación poblacional, sino más bien una aproximación a nivel de organismo.

7. La teoría evolutiva actual sigue considerando predominante que las transiciones y divergencias fenotípicas ocurren por la acumulación de muchos pequeños cambios a lo largo del tiempo, independientemente de que estos cambios se aceleren o ralenticen en diversos momentos a lo largo de los linajes, tal y como vimos en el apartado "Ritmos de evolución" del capítulo 7. La síntesis evolutiva extendida retoma, sin embargo, las ideas propuestas por algunos paleontólogos y sugieren que es posible que se produzcan cambios fenotípicos repentinos y de gran magnitud de una generación a la siguiente, fenómeno que se denomina *saltación*. Esta teoría, que se denomina saltacionismo, sugiere que la evolución puede proceder por grandes cambios fenotípicos en cortos periodos y usualmente asociados a procesos de cladogénesis. Estos cambios extremos conllevan procesos de especiación incluso en un solo paso, lo que permite un rápido cambio evolutivo. Varios mecanismos claramente generadores de saltación se han comprobado en la actualidad que operan: mutaciones en genes reguladores importantes que se expresan de forma específica en tejidos, módulos o compartimentos; hibridación estable con multiplicación de los juegos de cromosomas (*alopoliploidia*); y transferencia horizontal de genes entre algunos endosimbiontes y sus hospedadores.

8. Muchos de los procesos y mecanismos reseñados anteriormente, como la herencia epigenética, la herencia ecológica, el sesgo de desarrollo y la construcción de nicho, han llevado a algunos partidarios de la síntesis evolutiva extendida a rescatar ideas propuestas por Jean-Baptiste Lamarck. En particular, el hecho de que la herencia puede ocurrir no solo a través de la línea germinal podría justificar la presencia de herencia

de caracteres adquiridos. Es quizás uno de los aspectos más controvertidos de este nuevo marco conceptual, sobre el que no hay una postura unánime ni siquiera entre quienes se adhieren a los postulados de la síntesis evolutiva extendida.

¿Es conveniente un cambio de paradigma?

La irrupción de la síntesis evolutiva extendida ha generado un profundo revuelo en el ámbito del pensamiento evolucionista, al constituir el desafío más sólido y significativo al que se ha enfrentado la síntesis evolutiva hasta la fecha. Pero ¿ha quedado obsoleta la síntesis evolutiva a la luz de las nuevas evidencias? ¿Necesitamos una nueva teoría evolutiva?

La respuesta a estas preguntas no es simple. Es verdad que se omitieron evidencias e ideas provenientes de disciplinas biológicas tales como la biología del desarrollo evolutiva, la microbiología, la paleontología, la ecología evolutiva y la sistemática filogenética. Pero la síntesis evolutiva ha ido evolucionando en sí misma como marco teórico, incorporando muchas contribuciones provenientes de estas y otras disciplinas biológicas. Muchos de los fenómenos complejos descubiertos en el pasado reciente se han incorporado fácilmente al marco de la síntesis evolutiva gracias al desarrollo de enfoques teóricos sofisticados, pero no rupturistas. Dos ejemplos muy claros son el paradigma genético *un gen, una enzima* que es sumamente simplista y persistió al menos hasta la irrupción de la genómica, así como ese adaptacionismo extremo por el que aún muchos creen que todas las partes de un organismo están perfectamente adaptadas a su medioambiente. De hecho, como hemos explicado brevemente en capítulos anteriores, la síntesis evolutiva se ha expandido para incorporar mecanismos y procesos evolutivos, algunos de ellos no adaptativos, como la deriva genética, la evolución neutral, la selección conflictiva, la *evolución maladaptativa*, la importancia de los genes reguladores, el papel de la plasticidad fenotípica, la evolución cultural, la aparición de fenómenos de saltación y la presencia de diferentes ritmos evolutivos a lo largo del árbol de la vida.

Toda esta riqueza conceptual ha contribuido a extender las fronteras de la teoría evolutiva vigente, haciéndola más pluralista. El resultado es que hoy en día pocos biólogos evolutivos adoptan una visión dogmáticamente adaptacionista o panseleccionista.

Reflexiones finales

El saltacionismo es especialmente importante porque explica ciertos cambios evolutivos profundos en poco tiempo. Hay numerosos casos de divergencia casi instantánea causada por cambios en la composición de cromosomas (inversiones, translocaciones) y, sobre todo, aumento y descenso en el número de cromosomas con duplicaciones de genes e incluso con multiplicación de genomas completos (*autopoliploidía* y, sobre todo, alopoliploidía). Y no son casos anecdóticos. Las plantas con flores de prácticamente todos los grupos hibridan y forman alopoliploides en tan solo una generación, al igual que en algunos animales como peces, anfibios y moluscos. En algunas circunstancias, las interacciones endosimbióticas pueden también contribuir a generar saltaciones, como ocurrió en la importantísima formación de nuevos orgánulos como las mitocondrias y los plastos en eucariotas. No obstante, hay que señalar que estos mecanismos casi inmediatos tienen que pasar a procesos evolutivos en generaciones posteriores para que se produzca estabilización de su nueva composición genética.

Además, se debería abandonar totalmente la concepción de genes aislados con una función concreta y considerar genes interdependientes —también es crítica la ubicación de los genes en el genoma y cromosomas—. Es verdad que se consideran y analizan cada vez más las interacciones entre productos génicos y una gran cantidad de ADN no codificante —por ejemplo, hay organismos que tienen elementos móviles de ADN (*transposones*) que son mucho más abundantes que los propios genes que se expresan— y desarrollar ciertas funciones. En otras palabras, el ADN que no se expresa mediante la síntesis de proteínas ya no se califica como *ADN basura*, tal y como se le denominaba en el siglo XX.

Se debería investigar más el papel de la herencia no solo basada en el cambio de secuencias nucleotídicas de ADN. Por supuesto, la síntesis evolutiva siempre ha reconocido la herencia cultural, pero se ha estudiado principalmente en algunos grupos como aves y mamíferos. Y, además, hay que tener en cuenta que las consecuencias de los distintos tipos de herencia están interconectadas (figura 4). A medida que ha salido a la luz la prevalencia de varios mecanismos moleculares de herencia muy extendidos, distintos de la secuencia del ADN, la biología evolutiva se ha visto dotada de nuevos fenómenos que estudiar y explicar. Como consecuencia, se está desarrollando una teoría extendida interesante, no solo basada en gran medida en la genética de poblaciones tradicional. Documentar empíricamente la frecuencia y distribución de la herencia que va más allá del cambio en las secuencias nucleotídicas de ADN, y su importancia para las diferencias evolutivas entre poblaciones y especies, es fundamental en la investigación evolutiva presente y futura. En este punto es importante señalar que se ha demostrado que los cambios epigenéticos son más inestables que los genéticos, por lo que suelen durar unas pocas generaciones.

La transferencia genética horizontal es una fuerza importante que ha modulado y aun modula la evolución. Aunque el intercambio génico es más fácil entre organismos estrechamente relacionados (muy frecuente entre bacterias y entre arqueas), la transferencia genética horizontal se ha dado entre organismos muy alejados. Por ejemplo, se ha documentado entre determinados eucariotas, en concreto transferencia desde bacterias y hongos a plantas y animales. También este tipo de transferencia fue fundamental en la evolución simbiogenética, de manera que las interacciones entre organismos simbióticos fueron tan estrechas en la formación de los eucariotas que incluso algunos incorporaron organismos completos, como un tipo de procariota que se convirtió en la mitocondria (una sola vez), un tipo de bacteria con clorofila (cianobacteria) que se convirtió en un plasto primario (varias veces) y otros tipos de algas unicelulares que se convirtieron en plastos secundarios (varias veces). Por ello, pensamos que la teoría evolutiva debería explorar a fondo el papel que la transferencia de genes ha tenido y aún tiene en la evolución de los organismos.

Resumen

Que la teoría evolutiva ortodoxa sea sustituida por otra teoría que se convierta en un nuevo marco explicativo del proceso evolutivo dependerá de la solidez de la evidencia empírica que logre reunir, de su capacidad para generar predicciones comprobables y de si ofrece una explicación más coherente, integradora y útil de los nuevos descubrimientos. Los estudios evolutivos están resultando ser más complejos de lo anteriormente supuesto, y además menos deterministas de lo que aparece en muchas publicaciones. Pero hoy en día aún no está claro cómo debe llevarse a cabo la ampliación de la teoría evolutiva vigente, aunque creemos que debe seguir moviéndose entre los tres ejes principales (variación, herencia y ambiente). Tampoco sabemos si muchas de las propuestas actuales servirán para extender nuestra visión de la evolución de la vida o quedarán desacreditadas por nuevas evidencias científicas. Los resultados disponibles hasta ahora sugieren que resulta aún prematuro concluir que deba ser reemplazada por un nuevo marco teórico totalmente diferente. Pero más allá del marco conceptual en el que podamos movernos, en el trabajo cotidiano debemos enfrentarnos a asuntos más prosaicos que incluyan el diseño adecuado de nuestros estudios evolutivos. A continuación, en el epílogo, planteamos cómo pensamos que se deben abordar hoy en día este tipo de estudios.

Epílogo

Todo lo expuesto en capítulos precedentes nos hace plantear-
nos cómo deberíamos diseñar estudios evolutivos dentro de
cualquier marco de la teoría de la evolución. La investigación
de cada grupo de organismos tiene sus dificultades, por lo
que solo proponemos una serie de claves que puedan servir
para realizar estudios evolutivos profundos empleando tanto
un cuerpo doctrinal como un método científico comunes.

Diseñando estudios evolutivos

En la actualidad, se emplea un método hipotético-deductivo,
que complementado por una rigurosa investigación empírica
(observación y experimentación) de los seres vivos, ha resultado ser muy resolutivo. Sin duda, esta metodología precisa
información proveniente de muchas fuentes, incluyendo las
aportadas por todas las disciplinas de las ciencias de la vida.
Entre todas, la biología evolutiva es la disciplina más enfocada
al estudio de las causas que subyacen al cambio evolutivo.

Para centrar el diseño de cualquier estudio evolutivo, proponemos tres planteamientos básicos. Primero, un planteamiento a múltiples niveles jerárquicos de organización, desde
los individuos durante el transcurso de su desarrollo hasta las
ramas filogenéticas de todo un dominio o reino taxonómico a

lo largo de muchos millones de años, pasando por las poblaciones de una determinada especie a lo largo de numerosas generaciones. Un segundo planteamiento aborda el cambio evolutivo en el espacio y en el tiempo desde el origen de la vida. El tercer planteamiento tiene tres componentes fundamentales: las causas que subyacen a cualquier cambio evolutivo de los organismos (mecanismos), la secuencia de fenómenos que se suceden en el espacio y el tiempo (procesos) y los efectos evolutivos de estos mecanismos y procesos que explican la historia de la vida (patrones).

Planteamiento de hipótesis

Las observaciones de investigaciones anteriores, junto con nuestras propias indagaciones y experimentaciones, sirven para plantear hipótesis explícitas sobre cómo ha ocurrido la evolución. Claro está que no todas las hipótesis tienen el mismo calado, es decir, hay hipótesis menores que solo incumben a ciertos grupos biológicos y cambios evolutivos, mientras que hay hipótesis más generales que tratan de explicar la evolución de la mayoría de los seres vivos. Por ejemplo, fenómenos como la dispersión, la colonización, la cooperación y la competencia permitirían plantear hipótesis generales porque afectan a prácticamente todos los organismos. Otra posibilidad es investigar unas pocas especies modelo que representen el árbol de la vida, y así tener recursos y tiempo suficientes para hacerlo en gran profundidad. Desde hace muchas décadas se eligieron, entre otras, las siguientes especies modelo: la rata de laboratorio (*Rattus norvegicus*), una mosca de la fruta (*Drosophila melanogaster*), la plantas dragoncillo (*Antirrhinum majus*) y la arabidopsis (*Arabidopsis thaliana*), la levadura de la cerveza y pan (*Saccharomyces cerevisiae*) y una bacteria intestinal humana (*Escherichia colli*) (imagen 11). Otra aproximación complementaria, pero en situaciones naturales, es someter a los individuos de ciertas poblaciones a ambientes altamente controlados (cría, cultivo) o bien a condiciones naturales donde las variables estén profusamente medidas, para después analizar patrones y procesos del grupo biológico completo.

Después de comparar las evidencias que apoyen la hipótesis de trabajo frente a hipótesis alternativas, habría que cuantificar la aportación de cada una de ellas. Muchas veces, estas hipótesis no son mutuamente excluyentes. A continuación se muestran ejemplos de hipótesis complejas que ya han sido planteadas, junto con las respuestas más plausibles obtenidas de su estudio:

- ¿Las aves que migran exhiben una evolución más rápida en el tamaño del ala que las aves no migratorias? Pues parece ser que ha habido una evolución dirigida a un mayor tamaño del ala y también una reducción del tamaño corporal, pero no es más rápido el cambio evolutivo del tamaño del ala que en aves no migratorias.
- ¿La aparición de la metamorfosis completa en insectos está asociada a mayores tasas de especiación? Sí, hay un patrón claro si tenemos en cuenta unas 100 000 especies con metamorfosis incompleta generadas en 300 millones de años, frente a unas 800 000 especies con metamorfosis completa en 280 millones de años. La explicación más plausible es que el desarrollo de tres estados de desarrollo (larva, ninfa y adulto) en la metamorfosis completa, en vez de dos (ninfa y adulto), parece haber permitido que la selección natural actúe sobre más estados de desarrollo y sus rasgos.
- ¿La diversificación de las plantas con flores y sus polinizadores está correlacionada filogenéticamente? Sí, se ha comprobado que hace unos 150 millones de años hubo una coevolución de insectos y plantas con flor, de manera que está filogenéticamente correlacionada la diversificación de ambos grupos biológicos, su especialización y el grado de ajuste de muchos fenotipos de gran parte de los polinizadores y flores polinizadas.

119

Eligiendo la escala

Según la hipótesis planteada, conseguiremos resultados más sólidos al elegir distintos niveles de organización (individuos, poblaciones, especies, linajes, clados). Cuando se espera que el cambio evolutivo sea sutil, entonces analizaremos los fenotipos de individuos, estirpes y poblaciones (*escala microevolutiva*). Si, por el contrario, la hipótesis requiere el análisis de un cambio evolutivo mayor en cuanto a fenotipos y genotipos, entonces habría que elegir niveles jerárquicos superiores como géneros, familias, órdenes y clados (*escala macroevolutiva*). En muchos casos es posible abordar ambas escalas para contestar una hipótesis más amplia del cambio evolutivo. En el alhelí (*Erysimum* spp.) se ha comprobado que, a escala microevolutiva, diferentes tipos de polinizadores seleccionan diferentes tamaños y formas florales. Y lo más interesante, esta selección diferencial coincide, a escala macroevolutiva, con la asociación observada entre estos rasgos florales y tipo de polinizadores que visiten diferentes especies. Igualmente se ha inferido en otros muchos géneros de animales y plantas de todos los continentes. Esto sugiere que trabajar a varias escalas nos puede proporcionar una información más robusta sobre la evolución de ciertos rasgos que, a veces, queda oculta o es más difícil de obtener cuando se trabaja a una única escala.

Fuentes de datos

Una característica de los estudios evolutivos actuales es que analizan muestreos amplios y grandes bases de datos. A veces son tan grandes que son de difícil análisis. Normalmente, los datos provienen de nuestros propios muestreos, que tienen que estar bien diseñados para que los individuos representen bien a las poblaciones, los linajes e incluso las especies. Sin olvidar réplicas también representativas. Sin embargo, es conveniente suplementar nuestros muestreos con datos provenientes de ejemplares conservados en colecciones o con datos provenientes de repositorios. Quizás el ejemplo del repositorio gratuito de mayor valor evolutivo es GenBank[7], porque ha crecido enormemente gracias a que se deben depositar todas las secuencias de ADN —aproximadamente 5000 millones disponibles a fecha de julio de 2025— antes de publicar resultados científicos. Esta situación es única en la historia de las ciencias naturales, porque desde 1982 se han ido acumulando millones de bases nucleotídicas de numerosísimos organismos vivos. Además, han ido apareciendo otras plataformas de acceso gratuito que acumulan información muy valiosa sobre la localización de las especies en el mundo, y así proporcionan información geográfica y ecológica básica de muchas especies. Una de las más consultadas internacionalmente es *Global Biodiversity Information Facility*[8] (GBIF), plataforma que ha recopilado las identificaciones y localidades para cualquier especie a partir de colecciones biológicas (mayoritariamente de herbarios y museos de zoología) y otras fuentes de información. Se trata de una herramienta con gran aplicación, pues las identificaciones están en su mayoría abaladas por taxónomos. También podemos encontrar repositorios de datos fenotípicos, que pueden ser útiles en estudios comparados: Paleobiology Database (datos paleontológicos), Neotoma Paleoecology Database (datos paleoecológicos), Morphobank (matrices de datos de fenotipos), Phenoscape (integra datos de fenotipos y genotipos publicados), entre otros. Otra fuente de datos de interés, aunque normalmente sin supervisar científicamente, se nutre de una pujante disciplina llamada *ciencia ciudadana*, que sirve para que aficionados y profesionales recopilen datos a partir de una metodología y muestreo sistemáticos. En este sentido una herramienta muy popular es iNaturalist[9], que tiene muchos millones de registros de especies, sirve en algunos casos para ampliar su distribución, registra su variabilidad fenotípica por medio de fotografías e incluso sirve para encontrar especies nuevas para la ciencia, tal y como ha ocurrido en los últimos años. Es

---

7. Véase www.ncbi.nlm.nih.gov/genbank.
8. Véase www.gbif.org.
9. Véase www.inaturalist.org.

inigualable poder contar con todos estos repositorios que permiten analizar datos anteriores con nuevos métodos analíticos y que sirven para plantear nuevas preguntas evolutivas. De esta forma, se puede seguir construyendo un conocimiento evolutivo global. No obstante, ciertos repositorios contienen numerosos errores y suponen un volumen demasiado grande de datos para que sean validados por los pocos expertos que existen, por lo que los repositorios más empleados son los supervisados científicamente.

Describiendo patrones

En las últimas décadas se han ido describiendo numerosos patrones evolutivos. Para una correcta reconstrucción de estos patrones se necesita, al menos, obtener la relación de parentesco entre las especies de estudio, para lo que se emplean métodos filogenéticos (véanse capítulos 6 y 7). Es decir, se parte de varias clasificaciones taxonómicas de las especies, se comprueban las relaciones de parentesco más estrechas con reconstrucciones filogenéticas, y se valoran patrones evolutivos similares y diferentes con otros grupos biológicos. En segundo lugar, se necesita la información geográfica y ecológica relevante para cada especie que esté relacionada con los caracteres evolutivos clave tanto genéticos como fenotípicos. En concreto, se han descrito numerosos patrones que coinciden con varias trayectorias evolutivas, entre las que destacamos los ritmos evolutivos, las convergencias, las radiaciones, la coevolución y la especialización/generalización. En cualquiera de los casos, los patrones que se describen son el resultado de ciertos procesos evolutivos.

Analizando procesos

Un objetivo difícil de conseguir en muchos estudios evolutivos es el apoyo estadístico (significación estadística) cuando se analizan los procesos naturales que apoyan nuestra hipótesis de trabajo. Esto se debe al gran número de factores que han afectado a la evolución de cualquier grupo de organismos. Para reconstruir el pasado, la información paleontológica es crucial, sobre todo cuando la inmensa mayoría de las especies del sistema de estudio se han extinguido. Sin embargo, el registro fósil es muy deficiente. Por ello, se suele recurrir a un enfoque complementario que es interpretar una secuencia completa a lo largo de la historia evolutiva de un grupo biológico, proyectando los procesos actuales al pasado (*actualismo, uniformismo*). En cualquier caso, cuanto más alejados en el tiempo se hayan producido los procesos evolutivos, más difícil será reconstruir la secuencia de eventos acaecidos. Hay muchos métodos para ello, entre los que destacamos la reconstrucción filogenética de caracteres y el método comparativo filogenético, que combinan herramientas filogenéticas y estadísticas para probar hipótesis concretas y reconstruir la historia evolutiva de algunas características clave, el proceso de diferenciación y las tasas de diversificación. Los procesos evolutivos más importantes que se analizan con todos estos métodos son la adaptación, la especiación, la radiación, la coevolución y la extinción. Todos ellos se inician gracias a ciertos mecanismos evolutivos.

Deduciendo mecanismos

Para conocer los mecanismos responsables de los procesos evolutivos que han producido los patrones observados, necesitamos investigar los fenómenos que causan cambios evolutivos dentro de las poblaciones. En concreto, se buscan las causas directas que producen la variación genética y fenotípica en las poblaciones, que además pueden actuar simultáneamente. Además del análisis de fenotipos, aquí la genética es clave, porque es responsable de cualquier tipo de mutación a nivel génico —se analizan mutaciones puntuales que producen pequeños cambios frente a mutaciones clave que pueden ser innovaciones evolutivas—, cromosómico —variaciones en el número de cromosomas y su conformación explican cambios evolutivos sustanciales— y genómico —la multiplicación de genomas, especialmente por hibridación poliploide (alopoliploidía), dispara el aumento repentino del número de genes de un organismo en pocas generaciones—. También la variación genética resultante puede explicarse según otros mecanismos como son la deriva génica (efecto fundador, cuellos de botella aleatorios) y el flujo génico (continuo, interrumpido). Otro mecanismo clave es el apareamiento reproductivo no aleatorio de los individuos de una población. Por último, pero el más crítico, es la selección natural (direccional, estabilizadora, disruptiva), pues tiene la última palabra sobre qué organismos sobreviven y cuáles transmitirán sus genes a las siguientes generaciones. Para valorar los mecanismos más implicados, también se suelen realizar experimentos de cría y cultivo en condiciones controladas y traslocaciones recíprocas de individuos en el campo. Esta experimentación, seguida de test específicos, permite valorar la adaptación de ciertos rasgos a ciertas condiciones ambientales.

La inteligencia artificial en estudios de evolución

Estamos presenciando una revolución tecnológica a una velocidad difícil de asimilar. Algunos autores la equiparan a la revolución industrial del siglo XVIII, si bien incide más en la revolución cognitiva que ya empezaron a desarrollar los humanos hace decenas de miles de años (véase capítulo 8). En concreto, la inteligencia artificial está impactando en todas las manifestaciones humanas, incluyendo los estudios evolutivos. De una manera u otra, ya se puede ver la aplicación de la inteligencia artificial en todas las disciplinas científicas. Rápidamente, las limitaciones de nuestras observaciones y las carencias de la inteligencia humana están siendo superadas por la inteligencia artificial, en una potente computación con algoritmos complejos difíciles de imaginar hace tan solo diez años. Además, gracias a los avances tecnológicos en el *hardware* y las grandes bases de datos, la inteligencia artificial generativa utiliza modelos de aprendizaje profundo (*deep learning*) que están cambiando el panorama científico rápidamente. La clave está en que los modelos de inteligencia artificial aprenden automáticamente, es decir no siguen reglas programadas a mano por humanos tal y como se hacía previamente, sino que descubren patrones y toman decisiones a partir de los datos que reciben durante un proceso llamado entrenamiento.

Aunque parezca un tanto contradictorio, para escribir el presente libro no hemos empleado ninguna herramienta de inteligencia artificial, a pesar de reconocer su enorme potencial. Nos sentimos más satisfechos ofreciendo un resultado genuino del conocimiento que hemos adquirido por experiencia propia, así como del aprendido de otras investigaciones. Además, creemos que es prematuro apoyarse en la inteligencia artificial en demasía por lo siguiente. El entrenamiento de la inteligencia artificial se realiza a partir de los datos alojados del ciberespacio, donde la calidad de los resultados evolutivos y las interpretaciones de patrones, procesos y mecanismos no son siempre correctos. De hecho, hay un asunto que nos preocupa a muchos científicos, por lo que aparece recurrentemente en los debates académicos: *hoy día se publica cualquier cosa*. En capítulos anteriores ya hemos señalado la confusión aún bastante generalizada a la hora de interpretar conceptos importantes como especiación, plasticidad fenotípica, adaptación, selección, convergencia o herencia cultural, entre otros. Precisamente para estos casos la inteligencia artificial es crítica, porque puede poner orden a la confusión que se percibe en numerosas publicaciones científicas. Para ello, sería deseable que no se nutriera de las interpretaciones de resultados mal entendidos en muchas publicaciones científicas, que filtrara numerosos errores que se publican recurrentemente y que valorara en su medida resultados anecdóticos o curiosos frente a descubrimientos profundos con gran contribución al avance científico. Sin duda, la masiva información que nos llega por múltiples vías nos sigue confundiendo, y la inteligencia artificial podría ser una herramienta muy positiva tanto para asimilar esa ingente información generada cada año como para valorarla en su justa medida.

Pero ¿cómo se podría hacer? Hay diversas formas no excluyentes entre sí para que la inteligencia artificial nos ayude a superar los sesgos científicos y que no se *cuelen* los resultados más cuestionables. Por una parte, la inteligencia artificial generativa podría considerar solo los resultados de las revistas de mayor prestigio en evolución. Por otra parte, sería deseable que durante el entrenamiento se aplicaran los dos tipos de aprendizaje básicos: supervisado y por esfuerzo. Proponemos que un comité de expertos con distintos enfoques en evolución pudiera supervisar los resultados de los algoritmos en una primera fase, para después permitir a la inteligencia artificial generativa realizar entrenamientos propios. Tal y como se encuentra la información en el ciberespacio, que incluye tergiversación debido a resultados sesgados y noticias científicas falsas, sería crítica una orientación adecuada de los modelos de inteligencia artificial en la primera fase. Algunos defenderán que ese comité de expertos podría estar proporcionando una herramienta a su vez sesgada. Pues entonces se podría ampliar dicho comité en una segunda fase, y sus miembros responder a preguntas concretas que la propia inteligencia artificial generaría. El debate está servido. Si se consigue una inteligencia artificial ética, robusta y útil, por fin se podría superar una máxima que se lleva diciendo en los entornos universitarios desde que aparecieron los buscadores de internet: *hay mucha información, pero poco conocimiento*. Estamos seguros de que esta concepción cambiará, pues la inteligencia artificial no solo servirá para incrementar geométricamente la acumulación de información generada por los humanos desde hace decenas de miles de años. También nos ayudará a reevaluar los conceptos de la teoría sintética de la evolución y refinar los postulados de la síntesis evolutiva extendida (véase capítulo 9), tal y como se lleva reclamando desde hace muchos años.

Agradecimientos

Sería interminable enumerar a todas las personas que, a lo largo de más de 40 años dedicados al estudio de la evolución, nos han enseñado y transmitido tanto conocimiento. Por ello, vamos a centrar aquí nuestro agradecimiento más sincero a todas las personas que han contribuido desinteresadamente en la mejora de este libro, en concreto:

Adela González Megías no solo leyó textos y discutió conceptos del libro, sino que lo hizo con mucho interés y cariño.

Alberto Casado se ofreció a discutir la cantidad de conceptos de especie que existen.

Antonio Rosas y Joaquín Hortal realizaron revisiones exhaustivas de todo el libro, aportando su experiencia y profesionalidad científica.

Arantza Chivite y Ángela Rosillo editaron los textos preocupándose por su contenido y estilo.

Carlos de Mier fue clave en momentos de poco tiempo y muchas prisas para acabar las imágenes.

Enrique Lara siempre estuvo dispuesto a contarnos los avances en el descubrimiento de las relaciones evolutivas entre eucariotas unicelulares.

Isabel Sánchez Almazo leyó con interés y profundidad parte de este libro y nos ayudó a no perdernos demasiado en ideas y conceptos técnicos.

Jaime de la Serna aportó su visión filosófico-científica para colocar la evolución entre las ciencias más notables.

Juan Gabriel Martínez Suárez nos ayudó a plasmar bien las ideas de adaptación, selección natural y coevolución.

Juan Pedro Martínez Camacho y Federico García Maroto nos ayudaron a entender un poco más los entresijos de la genética.

Julio Aguirre nos aclaró con rigurosidad y paciencia importantes conceptos paleontológicos.

Mario Díaz nos ayudó a configurar una versión inicial del epílogo, para hacerla más estructurada.

Olivia Vargas Gómez ayudó a una discusión profunda sobre los órganos humanos y su evolución.

Pablo Gutiérrez revisó los párrafos de la inteligencia artificial, que tanto trabajo y alegrías le está dando para su tesis.

Bibliografía

Nuestro interés a la hora de elaborar esta lista de referencias ha sido proveer a aquella persona interesada con títulos de libros de alta divulgación, que pensamos que pueden ayudarla a complementar y construir una visión más profunda sobre la evolución. Hemos intentado incluir títulos recientes y, en la medida de lo posible, traducidos al castellano. Nos hemos abstenido de incluir referencias más técnicas, aunque quien lo desee tiene una nutrida literatura evolutiva en las innumerables revistas académicas que existen, la mayoría de ellas disponibles en internet.

ARSUAGA, J. L. (2001): *El enigma de la esfinge: las causas, el curso y el propósito de la evolución*, Barcelona, Plaza y Janés.
— (2023): *Nuestro cuerpo: Siete millones de años de evolución*, Buenos Airea, Imago Mundi.
COYNE, J. A. (2009): *Por qué la teoría de la evolución es verdadera*, Barcelona, Crítica.
DARWIN, C. (1859): *On the Origin of the Species*, Londres, John Murray & son.
— (2023): *El origen de las especies*, 6.ª edición, Madrid, Alianza (facsímil de la obra original publicada en 1872).
DAWKINS, R. (2009): *Evolución, el mayor espectáculo sobre la Tierra*, Barcelona, Espasa.

FINLAYSON, C. (2023): *El sueño del neandertal: Por qué se extinguieron los neandertales y nosotros sobrevivimos*, Barcelona, Crítica.

FONDETVILA, A. y SERRA, L. (2013): *La evolución biológica, una reconstrucción darwinista*, Madrid, Síntesis.

FONTDEVILA, A. y MOYA, A. (2003): *Evolución. Origen, adaptación y divergencia de las especies*, Madrid, Síntesis.

FREEMAN, S. (2002*): Análisis evolutivo*, 2.ª edición, Londres, Pearson Educación.

FUTUYMA, D. J. y KIRKPATRICK, M. (2023): *Evolution*, 5.ª edición, Oxford, Oxford University Press.

GOULD, S. J. (1990): *La estructura de la teoría evolutiva*, Barcelona, Tusquets, colección Metatemas.

LEDOUX, J. (2021): *Una historia natural de la humanidad: El apasionante recorrido de la vida hasta alcanzar nuestro cerebro consciente*, Barcelona, Paidós Contextos, Planeta.

MARTÍNEZ, J. G. (2021): *La astucia de las aves*, Córdoba, Almuzara.

MATEO, C. R. (2016): *La epigenética*, Madrid, Los Libros de la Catarata-CSIC.

MORENO, J. (2008): *Los retos actuales del darwinismo: ¿una teoría en crisis?*, Madrid, Síntesis.

MOYA, A. (2010): *Evolución*, Pamplona, Laetoli.

ROSAS, A. (2022): *Origen y evolución del Homo sapiens*, Madrid, Los Libros de la Catarata-CSIC.

SAMPEDRO, J. (2002): *Deconstruyendo a Darwin*, Barcelona, Crítica.

SOLER, M. (ed.) (2003): *Evolución, la base de la biología*, Ciudad de la Plata, Proyecto Sur de Ediciones, S. A. L.

VARGAS, P. (2022): *La evolución en 100 preguntas*, 2.ª edición, Madrid, Nowtilus.

VARGAS, P. y ZARDOYA, R. (eds.) (2012): *El árbol de la vida: Sistemática y evolución de los seres vivos*, Madrid, Impulso Global Solutions.

WILSON, E. O. (2020): *Los orígenes de la creatividad humana*, Barcelona, Crítica.

Títulos de la colección
¿Qué sabemos de?

1. **El LHC y la frontera de la física.** Alberto Casas
2. **El Alzheimer.** Ana Martínez
3. **Las matemáticas del sistema solar.** Manuel de León, Juan Carlos Marrero y David Martín de Diego
4. **El jardín de las galaxias.** Mariano Moles Villamate
5. **Las plantas que comemos.** Pere Puigdomènech
6. **Cómo protegernos de los peligros de Internet.** Gonzalo Álvarez Marañón
7. **El calamar gigante.** Ángel Guerra Sierra y Ángel González González
8. **Las matemáticas y la física del caos.** Manuel de León y Miguel Ángel F. Sanjuan
9. **Los neandertales.** Antonio Rosas
10. **Titán.** María Luisa Lara
11. **La nanotecnología.** Pedro A. Serena Domingo
12. **Las migraciones de España a Iberoamérica desde la Independencia.** Consuelo Naranjo Orovio
13. **El lado oscuro del universo.** Alberto Casas
14. **Cómo se comunican las neuronas.** Juan Lerma
15. **Los números.** Javier Cilleruelo y Antonio Córdoba
16. **Agroecología y producción ecológica.** Antonio Bello, Concepción Jordá y Julio César Tello
17. **La presunta autoridad de los diccionarios.** Javier López Facal
18. **El dolor.** Pilar Goya Laza y María Isabel Martín Fontelles
19. **Los microbios que comemos.** Alfonso V. Carrascosa
20. **El vino.** María Victoria Moreno-Arribas
21. **Plasma: el cuarto estado de la materia.** Teresa de los Arcos e Isabel Tanarro
22. **Los hongos.** María Teresa Tellería

23. **Los volcanes.** Joan Martí Molist
24. **El cáncer y los cromosomas.** Karel H. M. van Wely
25. **El síndrome de Down.** Salvador Martínez Pérez
26. **La química verde.** José Manuel López Nieto
27. **Princesas, abejas y matemáticas.** David Martín de Diego
28. **Los avances de la química.** Bernardo Herradón García
29. **Exoplanetas.** Álvaro Giménez
30. **La sordera.** Isabel Varela Nieto y Luis Lassaletta Atienza
31. **Cometas y asteroides.** Pedro José Gutiérrez Buenestado
32. **Incendios forestales.** Juli G. Pausas
33. **Paladear con el cerebro.** Francisco Javier Cudeiro Mazaira
34. **Meteoritos.** Josep María Trigo Rodríguez
35. **Parasitismo.** Juan José Soler
36. **El bosón de Higgs.** Alberto Casas y Teresa Rodrigo
37. **Exploración planetaria.** Rafael Rodrigo
38. **La geometría del universo.** Manuel de León
39. **La metamorfosis de los insectos.** Xavier Bellés
40. **La vida al límite.** Carlos Pedrós-Alió
41. **El significado de innovar.** Elena Castro Martínez
    e Ignacio Fernández de Lucio
42. **Los números trascendentes.** Javier Fresán y Juanjo Rué
43. **Extraterrestres.** Javier Gómez-Elvira y Daniel Martín Mayorga
44. **La vida en el universo.** F. Javier Martín-Torres y Juan Francisco Buenestado
45. **La cultura escrita.** José Manuel Prieto
46. **Biomateriales.** María Vallet Regí
47. **La caza como recurso renovable y la conservación
    de la naturaleza.** Jorge Cassinello Roldán
48. **Rompiendo códigos.** Manuel de León y Ágata Timón
49. **Las moléculas: cuando la luz te ayuda a vibrar.**
    José Vicente García Ramos
50. **Las células madre.** Karel H. M. van Wely
51. **Los metales en la Antigüedad.** Ignacio Montero
52. **El caballito de mar.** Miquel Planas Oliver
53. **La locura.** Rafael Huertas
54. **Las proteínas de los alimentos.** Rosina López Fandiño
55. **Los neutrinos.** Sergio Pastor Carpi
56. **Cómo funcionan nuestras gafas.** Sergio Barbero Briones
57. **El grafeno.** Rosa Menéndez y Clara Blanco
58. **Los agujeros negros.** José Luis Fernández Barbón
59. **Terapia génica.** Blanca Laffon, Vanessa Valdiglesias y Eduardo Pásaro
60. **Las hormonas.** Ana Aranda
61. **La mirada de Medusa.** Francisco Pelayo
62. **Robots.** Elena García Armada
63. **El Parkinson.** Carmen Gil y Ana Martínez
64. **Mecánica cuántica.** Salvador Miret Artés
65. **Los primeros homininos.** Antonio Rosas
66. **Las matemáticas de los cristales.** Manuel de León y Ágata Timón
67. **Del electrón al chip.** Gloria Huertas Sánchez, Luisa Huertas Sánchez
    y José L. Huertas Díaz

68. **La enfermedad celíaca.** Yolanda Sanz Herranz
    y María del Carmen Cénit Laguna
69. **La criptografía.** Luis Hernández Encinas
70. **La demencia.** Jesús Ávila
71. **Las enzimas.** Francisco J. Plou
72. **Las proteínas dúctiles.** Inmaculada Yruela Guerrero
73. **Las encuestas de opinión.** Joan Font Fàbregas y Sara Pasadas del Amo
74. **La alquimia.** Joaquín Pérez Pariente
75. **La epigenética.** Carlos Romá Mateos
76. **El chocolate.** María Ángeles Martín Arribas
77. **La evolución del género 'Homo'.** Antonio Rosas
78. **Neuromatemáticas.** José María Almira y Moisés Aguilar
79. **La microbiota intestinal.** Carmen Peláez y Teresa Requena
80. **El olfato.** Laura López-Mascaraque y José Ramón Alonso
81. **Las algas que comemos.** Miguel Herrero y Elena Ibáñez
82. **Los riesgos de la nanotecnología.** Marta Bermejo Bermejo
    y Pedro A. Serena Domingo
83. **Los desiertos y la desertificación.** Jaime Martínez Valderrama
84. **Matemáticas y ajedrez.** Razvan Iagar
85. **Los alucinógenos.** José Antonio López Sáez
86. **Las malas hierbas.** César Fernández-Quintanilla
    y José Luis González Andújar
87. **Inteligencia artificial.** Ramón López de Mántaras y Pedro Meseguer
88. **Las matemáticas de la luz.** Manuel de León y Ágata Timón
89. **Cultivos transgénicos.** José Pío Beltrán
90. **El Antropoceno.** Valentí Rull
91. **La gravedad.** Carlos Barceló Serón
92. **Cómo se fabrica un medicamento.** María del Carmen Fernández Alonso
    y Nuria E. Campillo
93. **Los falsos mitos de la alimentación.** Miguel Herrero
94. **El ruido.** Pedro Cobo Parra y María Cuesta Ruiz
95. **La locomoción.** Adrià Casinos Pardo
96. **Antimateria.** Beatriz Gato Rivera
97. **Las geometrías y otras revoluciones.** Marina Logares
98. **Enanas marrones.** María Cruz Gálvez Ortiz
99. **Las tierras raras.** Ricardo Prego Reboredo
100. **El LHC y la frontera de la física.** Alberto Casas
101. **La tabla periódica de los elementos químicos.** José Elguero Bertolino,
     Pilar Goya Laza y Pascual Román Polo
102. **La aceleración del universo.** Pilar Ruiz Lapuente
103. **Blockchain.** David Arroyo Guardeño, Jesús Díaz Vico
     y Luis Hernández Encinas
104. **El albinismo.** Lluís Montoliu José
105. **Biología cuántica.** Salvador Miret Artés
106. **Islam e islamismo.** Cristina de la Puente
107. **El ADN.** Carmen Mora Gallardo y Karel H. M. van Wely
108. **Big data.** David Ríos Insua y David Gómez-Ullate Oteiza

109. **Verdades y mentiras de la física cuántica.** Carlos Sabín
110. **La quiralidad, el mundo al otro lado del espejo.**
     Luis Gómez-Hortigüela Sainz
111. **Las diatomeas y los bosques invisibles del océano.**
     Pedro Cermeño Aínsa
112. **Los bacteriófagos.** Lucía Fernández Llamas, Diana Gutiérrez Fernández,
     Ana Rodríguez González y Pilar García Suárez
113. **Nanomecánica.** Daniel Ramos Vega
114. **Cerebro y ejercicio.** José Luis Trejo y Coral Sanfeliu
115. **Enfermedades raras.** Francesc Palau
116. **La innovación y sus protagonistas.** Elena Castro Martínez
     e Ignacio Fernández de Lucio
117. **Marte y el enigma de la vida.** Juan Ángel Vaquerizo
118. **Las matemáticas de la pandemia.** Manuel de León
     y Antonio Gómez Corral
119. **Ciberseguridad.** David Arroyo Guardeño, Víctor Gayoso Martínez
     y Luis Hernández Encinas
120. **Pensar en español.** Reyes Mate
121. **La esclerosis múltiple.** Leyre Mestre y Carmen Guaza
122. **Por qué y cómo se hace la ciencia.** Pere Puigdomènech
123. **Nanotecnología para el desarrollo sostenible.**
     Pedro A. Serena Domingo
124. **Los coloides.** Rodrigo Moreno Botella
125. **De la micro a la nanoelectrónica.** José M. de la Rosa
126. **Las hormigas.** José Manuel Vidal Cordero
127. **Nuevos usos para viejos medicamentos.** Nuria E. Campillo,
     María Mercedes Jiménez Sarmiento y María del Carmen Fernández Alonso
128. **El Neolítico.** Juan F. Gibaja Bao, Millán Mozota Holgueras
     y Juan José Ibáñez
129. **Los superalimentos.** Jara Pérez Jiménez
130. **El vacío.** José Ángel Martín Gago
131. **Los robots y sus capacidades.** Elena García Armada
132. **Los alimentos ultraprocesados.** Javier Sánchez Perona
133. **Las vacunas.** María Mercedes Jiménez Sarmiento, Nuria E. Campillo
     y Matilde Cañelles
134. **Análisis de riesgos.** David Ríos Insua y Roi Naveiro Flores
135. **La salud planetaria.** Fernando Valladares, Xiomara Cantera
     y Adrián Escudero
136. **La contaminación lumínica.** Alicia Pelegrina López
137. **Origen y evolución de 'Homo sapiens'.** Antonio Rosas
138. **Física cuántica y relativista.** Carlos Sabín
139. **El plancton y las redes tróficas marinas.** Albert Calbet Fabregat
140. **El café.** María Dolores del Castillo y Amaia Iriondo
141. **La nanomedicina.** Fernando Herranz Rabanal
142. **Cómo se meten ocho millones de especies en un planeta.**
     Ignasi Bartomeus
143. **La vida y su búsqueda más allá de la Tierra.** Ester Lázaro Lázaro

144. **Inmunonutrición.** Ascensión Marcos Sánchez, Esther Nova Rebato, Sonia Gómez-Martínez y Ligia Esperanza Díaz Prieto

145. **Inteligencia artificial y medicina.** Miriam Cobo Cano y Lara Lloret Iglesias

146. **Cómo se comunican las neuronas.** Juan Lerma

147. **Megatsunamis.** Mercedes Ferrer Gijón

148. **Encuentros temporales entre astronomía y prehistoria.** Enrique Pérez Montero y Juan F. Gibaja Bao

149. **Cómo se comunican los animales.** Gonzalo M. Rodríguez Ruiz

150. **La ética de la inteligencia artificial.** Sara Degli-Esposti

151. **Nuestro sistema inmunitario.** Elena Campos Sánchez

152. **La ciencia y la cocina.** Marta Miguel Castro y Mario Sandoval Huertas

153. **Cementos y hormigones.** Francisca Puertas Maroto

154. **Al-Andalus.** Maribel Fierro

155. **El cerebro en movimiento.** José Luis Trejo y Coral Sanfeliu

156. **La vida al borde del abismo.** José T. López Gómez

157. **El VIH y el sida.** Sonia de Castro y María José Camarasa

158. **Incendios forestales.** Juli G. Pausas

159. **Arqueología subacuática y patrimonio marítimo.** Ana Crespo Solana

160. **Los bulos de la nutrición.** Miguel Herrero

161. **Los acúfenos.** Pedro Cobo Parra y María Cuesta Ruiz

162. **La vida social de las bacterias.** Manuel Espinosa Urgel

163. **Las pandemias.** Fernando Valladares

164. **La formación de los elementos químicos.** Enrique Nácher González y Sergio Pastor Carpi

165. **La crisis de los polinizadores.** Anna Traveset

166. **La economía circular.** Pablo del Río González, Christoph P. Kiefer, Ana M. Guerrero Bustos y Félix A. López Gómez

167. **La microbiota forestal.** Ana V. Lasa

168. **Micro y nanoplásticos.** M. Victoria Moreno-Arribas, Cinta Porte, Amparo López-Rubio y M. Auxiliadora Prieto

169. **Aceleradores de partículass.** Nuria Fuster Martínez y Daniel Esperante Pereira

170. **El aceite de oliva y la salud.** Javier Sánchez Perona

171. **Princesas y abejas en el reino de las matemáticas.** David Martín de Diego

172. **Tiburones.** Claudio Barría Oyarzo y Ana Colmenero Ginés

173. **El latín en Europa.** Pablo Toribio y Cristina Tur